国家出版基金项目
NATIONAL PUBLICATION FOUNDATION

中国中药资源大典
——中药材系列

中药材生产加工适宜技术丛书
中药材产业扶贫计划

白术生产加工适宜技术

总主编　黄璐琦

主　编　张水寒　钟　灿

副主编　刘　浩　谢昭明

U0206431

中国医药科技出版社

内容提要

　　《中药材生产加工适宜技术丛书》以全国第四次中药资源普查工作为抓手，系统整理我国中药材栽培加工的传统及特色技术，旨在科学指导、普及中药材种植及产地加工，规范中药材种植产业。本书为白术生产加工适宜技术，对白术药用资源、栽培技术、特色适宜技术、药材质量及现代研究与应用情况做了系统阐述。适合于从事白术药材种植技术人员、开发生产人员及政策研究人员使用。

图书在版编目（CIP）数据

　　白术生产加工适宜技术 / 张水寒，钟灿主编 . — 北京：中国医药科技出版社，2018.3（2024.9重印）

　　（中国中药资源大典 . 中药材系列 . 中药材生产加工适宜技术丛书）

　　ISBN 978-7-5067-9922-5

　　Ⅰ . ①白… 　Ⅱ . ①张… ②钟… 　Ⅲ . ①白术—栽培技术 ②白术—中草药加工 　Ⅳ . ① S567.23

　　中国版本图书馆 CIP 数据核字（2018）第 013705 号

美术编辑　陈君杞
版式设计　锋尚设计

出版　中国医药科技出版社
地址　北京市海淀区文慧园北路甲 22 号
邮编　100082
电话　发行：010-62227427　邮购：010-62236938
网址　www.cmstp.com
规格　710×1000mm　$^1/_{16}$
印张　7 $^1/_2$
字数　63 千字
版次　2018 年 3 月第 1 版
印次　2024 年 9 月第 2 次印刷
印刷　北京盛通印刷股份有限公司
经销　全国各地新华书店
书号　ISBN 978-7-5067-9922-5
定价　20.00 元

中药材生产加工适宜技术丛书
—— 编委会 ——

序

我国是最早开始药用植物人工栽培的国家,中药材使用栽培历史悠久。目前,中药材生产技术较为成熟的品种有200余种。我国劳动人民在长期实践中积累了丰富的中药种植管理经验,形成了一系列实用、有特色的栽培加工方法。这些源于民间、简单实用的中药材生产加工适宜技术,被药农广泛接受。这些技术多为实践中的有效经验,经过长期实践,兼具经济性和可操作性,也带有鲜明的地方特色,是中药资源发展的宝贵财富和有力支撑。

基层中药材生产加工适宜技术也存在技术水平、操作规范、生产效果参差不齐问题,研究基础也较薄弱;受限于信息渠道相对闭塞,技术交流和推广不广泛,效率和效益也不很高。这些问题导致许多中药材生产加工技术只在较小范围内使用,不利于价值发挥,也不利于技术提升。因此,中药材生产加工适宜技术的收集、汇总工作显得更加重要,并且需要搭建沟通、传播平台,引入科研力量,结合现代科学技术手段,开展适宜技术研究论证与开发升级,在此基础上进行推广,使其优势技术得到充分的发挥与应用。

《中药材生产加工适宜技术》系列丛书正是在这样的背景下组织编撰的。该书以我院中药资源中心专家为主体,他们以中药资源动态监测信息和技术服

务体系的工作为基础，编写整理了百余种常用大宗中药材的生产加工适宜技术。全书从中药材的种植、采收、加工等方面进行介绍，指导中药材生产，旨在促进中药资源的可持续发展，提高中药资源利用效率，保护生物多样性和生态环境，推进生态文明建设。

丛书的出版有利于促进中药种植技术的提升，对改善中药材的生产方式，促进中药资源产业发展，促进中药材规范化种植，提升中药材质量具有指导意义。本书适合中药栽培专业学生及基层药农阅读，也希望编写组广泛听取吸纳药农宝贵经验，不断丰富技术内容。

书将付梓，先睹为悦，谨以上言，以斯充序。

中国中医科学院 院长

中 国 工 程 院 院士　张伯礼

丁酉秋于东直门

总 前 言

中药材是中医药事业传承和发展的物质基础，是关系国计民生的战略性资源。中药材保护和发展得到了党中央、国务院的高度重视，一系列促进中药材发展的法律规划的颁布，如《中华人民共和国中医药法》的颁布，为野生资源保护和中药材规范化种植养殖提供了法律依据；《中医药发展战略规划纲要（2016—2030年）》提出推进"中药材规范化种植养殖"战略布局；《中药材保护和发展规划（2015—2020年）》对我国中药材资源保护和中药材产业发展进行了全面部署。

中药材生产和加工是中药产业发展的"第一关"，对保证中药供给和质量安全起着最为关键的作用。影响中药材质量的问题也最为复杂，存在种源、环境因子、种植技术、加工工艺等多个环节影响，是我国中医药管理的重点和难点。多数中药材规模化种植历史不超过30年，所积累的生产经验和研究资料严重不足。中药材科学种植还需要大量的研究和长期的实践。

中药材质量上存在特殊性，不能单纯考虑产量问题，不能简单复制农业经验。中药材生产必须强调道地药材，需要优良的品种遗传，特定的生态环境条件和适宜的栽培加工技术。为了推动中药材生产现代化，我与我的团队承担了

农业部现代农业产业技术体系"中药材产业技术体系"建设任务。结合国家中医药管理局建立的全国中药资源动态监测体系，致力于收集、整理中药材生产加工适宜技术。这些适宜技术限于信息沟通渠道闭塞，并未能得到很好的推广和应用。

本丛书在第四次全国中药资源普查试点工作的基础下，历时三年，从药用资源分布、栽培技术、特色适宜技术、药材质量、现代应用与研究五个方面系统收集、整理了近百个品种全国范围内二十年来的生产加工适宜技术。这些适宜技术多源于基层，简单实用、被老百姓广泛接受，且经过长期实践、能够充分利用土地或其他资源。一些适宜技术尤其适用于经济欠发达的偏远地区和生态脆弱区的中药材栽培，这些地方农民收入来源较少，适宜技术推广有助于该地区实现精准扶贫。一些适宜技术提供了中药材生产的机械化解决方案，或者解决珍稀濒危资源繁育问题，为中药资源绿色可持续发展提供技术支持。

本套丛书以品种分册，参与编写的作者均为第四次全国中药资源普查中各省中药原料质量监测和技术服务中心的主任或一线专家、具有丰富种植经验的中药农业专家。在编写过程中，专家们查阅大量文献资料结合普查及自身经验，几经会议讨论，数易其稿。书稿完成后，我们又组织药用植物专家、农学家对书中所涉及植物分类检索表、农业病虫害及用药等内容进行审核确定，最终形成《中药材生产加工适宜技术》系列丛书。

在此，感谢各承担单位和审稿专家严谨、认真的工作，使得本套丛书最终付梓。希望本套丛书的出版，能对正在进行中药农业生产的地区及从业人员，有一些切实的参考价值；对规范和建立统一的中药材种植、采收、加工及检验的质量标准有一点实际的推动。

2017年11月24日

前　言

　　白术是传统的中药资源，具有健脾益气、燥湿利水、固表止汗之功效，《神农本草经》中将其列为上品，无毒，多服久服不伤人。2002年，原卫生部发文明确白术可用于保健食品，肯定了其药食两用功效。白术作为我国传统补益类常用大宗药材，俗有"北参南术""十方九术"之说，在常见中药组方中的配伍率很高，具有不可取代的医药价值。然而其野生资源几近灭绝，目前市场上白术多为栽培品种，年交易量700万kg左右。

　　《中医药发展"十三五"规划》、国务院印发《中医药发展战略规划纲要（2016～2030年）》以及《中医药法》的颁布和实施，明确规定制定国家道地药材目录，加强道地药材良种繁育基地和规范化种植养殖基地建设，发展道地中药材生产和产地加工技术。制定中药材种植养殖、采集、储藏技术标准，利用有机、良好农业规范等认证手段加强对中药材种植养殖的科学引导，发展中药材种植养殖专业合作社和合作联社，提高规模化、规范化水平。支持发展中药材生产保险，推动贫困地区中药材产业化精准扶贫。

　　为响应政策导向、社会所需，普及中药材生产加工适宜技术，我们编写了《白术生产加工适宜技术》。本书在文献资料整理和产地调研的基础上编写。全

书共分六个章节，内容包括白术的生物学特性、地理分布、生态适宜分布区域与适宜种植区域、种子种苗繁育、栽培技术、采收与产地加工技术、特色适宜技术、质量评价、化学成分、药理作用及应用等。本书倡导白术药材生态、绿色种植等创新模式的推广，并介绍了部分地区白术的稻田免耕、套种和施用连作有机肥料等新型栽培模式实例，对推广白术规范化种植技术，促进白术产业与精准扶贫融合，保护白术资源可持续发展，同时对提高药农中药材生产技术水平有重要的指导意义。

本书部分图片由湖南省中医药研究院镇兰萍和北京同仁堂平将白术有限责任公司李旭富提供，特此感谢。

由于编撰人员水平及能力所限，书中难免存在一些疏漏，敬请读者批评与指正，以便进一步修订。

编者

2017年10月

目 录

第1章

概　述

白术（*Atractylodes macrocephala* Koidz.）为菊科苍术属多年生草本植物，其根茎入药。味苦，甘，性温。归脾、胃经，具有健脾益气、燥湿利水、止汗、安胎的功效。用于脾虚食少，腹胀泄泻，痰饮眩悸，自汗，水肿及胎动不安。白术被《神农本草经》列为上品，无毒，多服久服不伤人。白术是补虚药里面的补气药，古代有"十方九术"的说法，说明白术在中药配伍中的重要性以及其多效性，但值得注意的是阴虚燥渴，气滞胀闷者忌用。白术饮片有生白术、炒白术、焦白术和土炒白术等，其功效也各有差异。现代药理研究也表明白术具有调整胃肠运动、抗溃疡、保肝、增强机体免疫功能、增强造血功能、利尿、安胎、抗氧化、降血糖、抗肿瘤、抗凝血等作用。因此白术也是诸多中成药如补中益气丸、附子理中丸、香砂六君丸、健脾益肠丸、十全大补丸、参苓白术丸、八珍膏、参桂鹿茸丸、香砂养胃丸、健脾丸、驴胶补血颗粒的原料之一。

白术是我国的传统中药材，是"浙八味"之一。其野生资源主要分布在浙江、江西婺源、安徽祁门等地，野于术是产于浙江於潜、吕化、天目山一带的野生白术，一名为"天生术"，目前野生资源极少，甚至野于术已经灭迹，因此市场上的白术商品均为栽培所得。白术自明清以后广为栽培，主产于浙江、安徽、湖北、江西、四川、贵州、广西、广东、河南、河北等。其中浙江白术20世纪50年代前产量占全国的80%～90%，70～80年代，退缩到1/3，而湖南、江西、湖北和四川等地大量引种栽培，且各地引种的白术的产量和质量都可与浙江的商品媲美，因此全国白术道地药材的形成有于（於）术、浙东术、歙术、祁术、舒州术、江西术、平江术等7个产地的品种。白术也因主产于浙江、湖北、湖南、江西和安徽等地而有"南方人参"的美誉。

白术作为一种常用的大宗药材，药食同源，国内外需求量很大。我国白术除了供应国内作为药材、饮片和中成药原料外，也出口香港、台湾、日本、越南、马来西亚、韩国等亚洲地区，以及美国和欧洲地区。其中日本、韩国是白术出口的主要国家，其出口总额达到1445万美元，占到白术出口总量的95%以上，泰国和德国对白术的需求量逐年增加。白术的价格近年来波动较小，甚至有稳步上升的态势。中医药新政策和发展战略颁布以来，发展中药材种植产业是政府作为当地脱贫的重要手段，白术是一种适应性较广的中药材，加强中药白术的品种改良、施肥、加工炮制等关键问题的攻关，对推动白术标准化发展，打造优势品牌，带动白术产业发展具有重要意义。

第2章

白术药用资源

一、形态特质及分类检索

白术的原植物为菊科植物白术（*Atractylodes macrocephala* Koidz.）的干燥根茎，冬季下部叶枯黄、上部叶变脆时采挖，除去泥沙，烘干或晒干，再除去须根。

（一）形态特质

多年生草本，高30～80cm。根茎粗大，肥厚，结节状。茎直立光滑无毛，通常自中下部开始分枝，基部木质化，具不明显纵槽。单叶互生；茎下部叶有3～6cm长的叶柄，叶片通常3～5羽状全裂，中间裂片较大，极少兼杂不裂且为椭圆形或卵状披针形的叶。侧裂片1～2对，倒披针形、椭圆形或长椭圆形，长4.5～7cm，宽1.5～2cm；顶裂片比侧裂片大，倒长卵形、长椭圆形或者椭圆形；自中部茎叶向上和向下，叶渐小，与中部茎叶等样分裂，接花序下部的叶不裂，椭圆形或长椭圆性，无柄；或大部茎叶不裂，但总兼杂有3～5羽状全裂的叶。全部叶质地薄，纸质，两面均为绿色，无毛，边缘或者裂片边缘有长或者短针刺状缘毛或者细刺齿，叶脉凸起显着。头状花序单生于茎枝顶端，直径2～4cm，植株通常有6～10个头状花序，但不形成明显的花序式排列。苞叶绿色，长3～4cm，针刺状羽状全裂；总苞大，宽钟状，直径3～4cm，总苞片9～10层，膜质，覆瓦状排列；外层及中外层长卵形或者三角形，长6～8mm；

中层披针形或椭圆状披针形，长11～16mm；最内层宽线形，长2cm，顶端紫红色。全部苞片顶端钝，边缘有白色蛛丝毛。花多数，着生于平坦的花托上；花冠管状，下部细，淡黄色，上部稍膨大，紫色，先端5裂，裂片披针形，外展或反卷；雄蕊5，花药线形，花丝离生；雌蕊1，子房下位，密被淡褐色绒毛，花柱细长，柱头头状，顶端中央有1浅裂缝。瘦果长圆状椭圆形，微扁，长约8mm，径约2.5mm，被顺向顺伏的稠密的黄白色长直毛，冠毛刚毛羽毛状，污白色，长1.5cm，基部结合成环状。花期9～10月。果期10～11月。

图2-1　白术植物形态

（二）分类检索

白术为菊科苍术属（*Atractylodes* DC.）植物。苍术属是1938年De Candlle作为帚菊木族（Mutisieae Cass.）中的成员而建立的东亚特有属，在此之前，苍术属被归为*Atractylis*，甚至在该属建立之后，还有诸多分类学家将其置回

Atractylis。小泉源一（G. Koidzumi）和北村四郎（S. Kitamura）通过研究重新确认了这个属。他们发现*Atractylis* L.是一个分布于地中海地区的属，头状花序全部小花两性，有发育的雌蕊和雄蕊，而苍术属（*Atractylodes*）则是一个东亚分布的属，雌雄异株，或植株全部头状花序的小花两性，有发育的雌雄蕊，或植株全部头状花序的小花，雄蕊不发育。两者之间的区别还是明确的。傅舜谟又阐明了两者在根状茎部位上植物化学方面的差异，指出*Atractylis*属的地下部分含有含硫的欧术苷（Atractyloside），其苷元为二萜结构的欧术苷元（Atractyligenin），而苍术属的地下部分不含有欧术苷而含有倍半萜类为主的挥发油成分（苍术酮、苍术素、茅术醇、桉油醇、榄香油醇等）。

苍术属为多年生草本，雌雄异株，有地下根状茎结节状，叶互生，分裂或不分裂，边缘有刺状缘毛或三角状刺齿。头状花序同型，有一致的小花，单生茎枝顶端，不形成明显的花序式排列，植株的全部头状花序或全部为两性花，有发育的雌蕊和雄蕊，或全部为雌花，雄蕊退化，不发育。小花管状，黄色或紫红色，簷部5深裂。总苞钟状、宽钟状或圆柱状。苞叶近2层，羽状全裂、深裂或半裂。总苞片多层，覆瓦状排列，全缘，但通常有缘毛，顶端钝或圆形。花序托平坦，有刺毛；花托平，有稠密的托片。花丝无毛，分离，花药基部附属物箭形；花柱分枝短，三角形，外面被短柔毛。瘦果倒卵圆形或卵圆形，压扁，顶端截形，无果缘，被稠密的顺向贴伏的长直毛，基底着生面，平。冠毛刚毛1层，羽毛状，基部连合成环。苍术属是东亚特有小属，分布横跨我国寒温带、中温带、暖温带、北亚热带、中亚热带，朝鲜、日本和俄罗斯也有分布。该属植物在全世界约有7种，我国有5种，分别是朝鲜苍术 ［*A. coreana*（Nakai）Kitam.］、苍术 ［*A. lancea*（Thunb.）DC.］、鄂西苍术 ［*A. carlinoides*（Hand. –mazz.）Kitam.］、白术（*A. macrocephala* Koidz.）和关苍术（*A. japonica* Koidz. ex Kitam.），其中白术和苍术为2015年版《中国药典》所收载。其分类检索表如下：

1　叶不分裂

　　2　叶通常披针形或卵状披针形，间或有椭圆形或长椭圆形，质地厚，纸质或厚纸质，最宽处在叶片下部或中部 ……………………………………**朝鲜苍术**

　　2　叶倒卵形、长倒卵形、倒披针形或长倒披针形，质地硬，硬纸质，最宽处在叶片上部或中部以上 ……………………………………………………**苍术**

1　叶羽状半裂或浅裂，侧裂片多数（6～9对），或大头羽状深裂或半裂，侧裂片1～2（3～4）对，或3～5羽状全裂

　　3　叶羽状半裂或浅裂或大头羽状深裂或半裂

　　　　4　羽状半裂或浅裂，侧裂片三角形 ……………………………………**鄂西苍术**

　　　　4　叶大头羽状深裂或半裂，侧裂片椭圆形，长椭圆形或倒卵状长椭圆形 …

　　　　………………………………………………………………………………**苍术**

3　叶3～5羽状全裂

5　头状花序大，总苞直径3～4cm，小花红紫色　…………………**白术**

5　头状花序小，总苞1～1.5cm，小花黄色或白色　………………**关苍术**

二、生物学特性

白术用种子繁殖，栽植周期为两年。第一年播种培育术栽，也称种苗（一年生白术），从种子播种到术栽收获需220天左右。术栽当年冬季或次年春季栽种，术栽后秋季采收。白术种子在15℃以上就能萌发，3～4月植株生长较快，6～7月生长变缓，当年植株就开花，但是由于营养生长不够，其果实饱满度不够，不适宜留种，11月份便进入休眠期。次年春季萌芽返青，3～5月生长加快，茎叶茂盛，中上部出现较多分枝，9～10月份进入花期，10～11月份结实。两年生的白术养分积累多，开花较多，种子饱满，适合留种繁殖。茎叶枯萎后，即可采收。因此根据白术生长发育特性，为了生产上便于管理，白术大致可以划分为苗期、越冬期、出苗期、根茎生长期、开花结实期等五个生育时期。每个时期都有其不同生长发育特点以及对环境条件的要求。

1. 苗期

白术以种子繁殖为主，第一年繁殖后得到术栽再在第二年初春移栽，因此我们通常把一年生白术称为白术的苗期或者种苗期，种苗期大致可以分为出苗期、幼苗期、拔节现蕾期和种根茎膨大期四个阶段。出苗期：从种子播种到齐苗，此阶段种子吸水膨大，发芽顶土，直至子叶展开真叶露出，时间约25～30天。幼苗期：从齐苗到植株茎开始伸长，此阶段植株茎缩短，以长叶为主，叶片数增加，叶片变大变厚，时间约60天。拔节现蕾期：从植株茎伸长到现蕾结顶，此阶段植株增高明显，茎节伸长，7月下旬少数植株现蕾，时间约60天。

根茎膨大期：现蕾后约1个月（8月下旬）开始，植株地上部叶片最大，光合作用强，干物质积累最多，并向下输送，地下根茎膨大迅速，至9月下旬后，绿叶数不再增加，10月下旬，种根茎达最大值，时间约60天。

图2-2　一年生术栽

2. 越冬期

种苗与10月中下旬至11月下旬挖取后，修建成术栽贮藏越冬。南北方术栽越冬的贮藏方法稍有不同，一般南方采用层积沙藏法，北方则是在背阴处挖沟，再将术栽放到沟内贮藏，来年开春再挖出来移栽。越冬期要求温度不宜过高，贮藏地保持通风干燥，气温在10℃以下为宜，湿度太大、温度太高容易引起烂根，或者根茎芽萌发。术栽的贮藏操作以及注意事项将在第三章进行详细阐述。

3. 出苗期

术栽贮藏越冬后，第二年春季起挖移栽到大田，南方一般2月底前完成移栽，北方在4月份完成移栽。术栽种植后一般温度在15℃左右芽开始萌动，温度达到20℃以上进入快速生长期。此时所需要的肥料比较多，因此在移栽前应施足基肥，适当覆盖以保湿保温，促进芽萌发和幼苗的生长。

4. 根茎生长期

根茎生长可分为增长始期、生长旺盛期和生长末期三个阶段，增长始期从5月中旬孕蕾初期至8月中旬，以生殖生长为主，营养物质的运输中心为有性器官，根茎生长缓慢，所以对于不留种的苗圃地和生产大田，这个时期要注意摘花蕾削弱生殖生长、促进营养生长，增加根茎养分的积累；生长旺盛期是在8月下旬花蕾采摘以后到10月中旬，根茎生长逐渐加快，其中8月下旬到9月下旬是根茎生长最快时期，一般一天平均增重可达6.4%。此阶段注意在8月上旬追肥1次，并定期浇水，避免长期干旱影响根茎膨大。

图2-3　根茎

5. 开花结实期

从5月中旬至8月上旬为花蕾发育生长期，9～10月份进入结实期。此时是白术营养生长与生殖生长并存的时期，外界环境温度、光照、湿度等条件适宜利于开花结果和根茎膨大。但是对于不需要留种的种苗地和大田可以摘除花蕾，避免过多的养分供给生殖生长，影响根茎膨大。留种田则加强养护，提前追肥，避免高温高湿引起病害，注意疏松土壤，加强通风透光，排涝除湿等，并及时拔除病株。

图2-4　花蕾期　　　　　　　　　　　　图2-5　花期

三、地理分布

白术原生于山区丘陵地带，20世纪80年代先后报道称浙江、江西婺源、安徽祁门等地发现了野生白术，野于术是产于浙江於潜、昌化、天目山一带的野生白术，一名为"天生术"，该种商品早已绝迹。白术自明清以后广为栽培，全国大部分地区可以引种，安徽、江苏、浙江、福建、江西、湖南、湖北、四

川、贵州等地均有种植，而以浙江栽培的数量最大。以浙江嵊县、新昌地区产量最大；于潜所产品质最佳，特称为"于术"，以安徽黄山所产称为"歙术"，以安徽祁门所产称为"祁术"，以江西修水所产称为"江西术"。白术自18世纪传入湖南后，凭借品种和技术优势，种植面积和年产量都得到了快速发展，湖南平江逐渐发展为白术药材主产区之一，所产白术被称为"平术"。

四、生态适宜分布区域与适宜种植区域

（一）生态适宜分布区域

苍术属是东亚特有小属，分布横跨我国寒温带、中温带、暖温带、北亚热带、中亚热带，朝鲜、日本和俄罗斯也有分布。该属植物在全世界约有7种，我国有5种，分别是朝鲜苍术 *A. coreana*（Nakai）Kitam.、苍术 *A. lancea*（Thunb.）DC.、鄂西苍术 *A. carlinoides*（Hand. –mazz.）Kitam.、白术 *A. macrocephala* Koidz.和关苍术 *A. japonica* Koidz. ex Kitam.，其中白术和苍术为2015年版《中国药典》所收载。白术为补脾益气之要药，现少见野生品种，均为栽培。栽培品主产浙江、安徽，也产于湖南、湖北、江西、福建等地。通过测定白术内酯含量，发现影响白术质量的主要因素为地形因素和气候因素。白术内酯类成分含量最高的生长海拔是大于500m，最低的生长海拔小于100m。白术内酯类成分含量最高的生长坡度为3.00°～4.99°，最低的为0°～0.99°。最

暖季平均温在25℃以下时白术内酯类成分含量最高，26～27℃时最低；最干季平均温大于10℃时白术内酯类成分含量最高，0～5℃时最低；最湿月降水量在220～230mm时白术内酯类成分含量最高，210～220mm时最低。因此最适宜白术生长的地区与传统道地产区相吻合，其他地区进行白术人工种植的推广，应选取生态因子与最适宜条件相似性高的丘陵地带，才能保证白术药材的质量。最适宜白术种植的地形和气候条件为：海拔200m以上，坡度3°～5°，最湿月降水量220～230mm，最暖季平均温25℃以下，最干季平均温10℃以上。

（二）适宜种植区域

全国范围多地均可种植，安徽、江苏、浙江、福建、江西、湖南、湖北、四川、贵州等地均有种植。以浙江栽培量最大，占全国产量的90%以上，是著名的"浙八味"之一，如浙江的新昌、嵊县、盘安、东阳、天台为主产地，仙居、缙云、永康、安吉、衢县、武义、奉化等地也有栽培。近年来，湖南省平江县发展成为特色产地，种植基地面积达3万亩，其次洪江市、龙山、溆浦、隆回、黔阳、宁乡等县乡亦均有种植。江西的修水、铜鼓、宜丰；四川的宝兴；重庆的秀山、酉阳、黔江；安徽的太和、界首、宁国、歙县、宣州；江苏的泗洪、海门；河北的安国；河南的郸城；陕西的渭南、汉中；湖北的来凤、宣恩、竹溪、郧西等地，包括福建、贵州、广东、云南、广西、山西和山东等地均有种植。白术喜凉气候，耐寒，怕湿热、怕干旱。能耐-10℃左右低温，

气温超过30℃以上生长受到抑制。以选地势高稍有倾斜的坡地，土层深厚，疏松肥沃，排水良好的砂质壤土栽培为宜，忌连作，最好在新垦地上栽种。种过白术的地，须隔5年以上才能再作，否则易发病。前作以禾本科作物为好，不能与花生、烟草、油菜、白菜、番茄、地黄、附子、白芍等作物轮作。

（三）白术适宜的生长环境条件

（1）群落环境　白术生于山坡、林地，生长区域原生植被类型为中山地区常绿阔叶与落叶混交林或落叶阔叶林下，为阴生植物，海拔在800m以上，土壤为黄壤或黄棕壤，腐殖质较丰富。

（2）温度　温度是影响白术生长发育的决定因素，白术喜凉爽，怕高温、高湿高热。一般在北亚热带湿润季风气候，干湿季明显，四季分明，气候温和，日照较少，日温差较大的区域生长良好。不同器官组织的生长发育对温度有不同要求，种子于15℃才开始发芽，25～30℃发芽较快，35℃以上发芽缓慢，并且容易造成烂种。术栽后发芽温度不宜过高，一般在10～15℃为宜，后期生长则随着温度的升高，生长加快，适宜的生长温度为25～29℃，温度超过30℃

图2-6　野生白术生境

则抑制白术的生长。冬季能耐-10℃低温，因此白术在华北地区能安全越冬。气温在25～28℃，且昼夜温差大，有利根茎膨大积累养分，增加产量。因此白术在"冬无严寒、夏无酷暑"的地区种植，有利于其积累养分和增加产量。

（3）水分　白术喜燥、怕湿，比较耐旱，产区俗称"旱草"。如遇连续阴雨，术地低洼有积水，排水不良，易发生立枯病、白绢病、根腐病等。一般要求土壤含水量为30%～50%。进入秋季后，气温降低，有利于白术生长，如果发生干旱，则会大大减缓根茎膨大，持续的干旱则会导致产量下降。同时，白术种子的萌发和种苗生长对水分有严格要求，其需水量为种子的3～4倍，低于1倍或者高于5倍会降低发芽率。苗期或者成苗期遭遇干旱，则影响成苗。苗期水分的管理将在下面的章节详细介绍。

（4）土壤　育苗地土壤选择中性或微酸砂质壤土、黄壤土，即pH值在5.5～7.5范围内，最好选用坡度小于15°～20°的阴坡生荒地或撂荒地，以较瘠薄的地为好，过肥的地白术苗枝叶过于柔嫩，抗病力减弱。大田栽培白术对土壤要求不严格，酸性的黏壤土、微碱性的砂质壤土、黄壤土等都能生长，以土层深厚，肥力较好，表土疏松，排水良好的沙质壤土为好，而不宜在低洼地、盐碱地种植。过分黏重易积水的土壤或保肥性差的沙土不利于白术生长。白术忌连作，种过之地须隔5～10年才能再种，其前作以禾本科（小麦、玉米、谷子）为佳，因禾本科作物无白绢病感染，不能与花生、元参、白菜、烟草、油

菜、附子、地黄、番茄、萝卜、白芍、地黄等作物轮作。

（5）光照　野生白术阴生，一般生长在林下，栽培白术多在平原或者丘陵地区，为阳生环境。因此栽植白术注意遮阳，或者进行林下种植，特别是夏季适度遮阳，以降低温度和提高土壤湿度，促进白术生长。

第3章

白术栽培技术

一、种子种苗繁育

种苗的繁育方式包括有性繁殖和无性繁殖两种方式，有性繁殖是指利用雌雄交配获得的种子繁衍后代的方式，又叫种子繁殖。无性繁殖是指利用植物离体的营养器官根、茎、叶等进行繁殖的方式，又称营养繁殖。白术既可以用嫩枝扦插、根茎或者组培培养等无性繁殖繁育种苗，也可以用种子繁殖。白术根茎入药，用来作为繁殖材料增加繁殖成本，生产上白术种子容易获得，因此生产上主要以种子繁殖为主，根茎等无性繁殖少用。下面就主要介绍种子生产、种子的萌发特性和种子繁殖技术，并对无性繁殖进行简要说明。

（一）种子繁殖

1. 白术种子的生产

目前我国中药材生产中种子种苗混杂，质量低劣，假冒伪劣种子较多，严重制约了中医药产业的发展，因此必须从源头抓起，生产优质的种子来提升中药材的质量。白术种子活力高低、种子质量的好坏与每株留蕾数、种植密度、肥水管理和采收贮藏等有密切关系。白术种子可以进行田间选留，一般选择具有蛙形、鸡腿形等优良性状或者根茎繁殖的种苗作为母株，在花蕾期进行隔离，避免品种混杂。为获得较高的种子产量，应选择术栽中等大小（100个左右/500g），株行距40cm×25cm，每亩4000～5000株为宜。7月初，在母本园选生长健壮、阔叶单主茎无病虫危害的植株留作种株。植株现蕾时，留取5～6个生长良好、成熟一致的饱满花蕾，其余一律摘除。在种子收获后进行筛选，去掉特别细小的种子，保证种子质量。施肥是提高白术产量和品种的重要措施之一，特别是微量元素对花粉萌发和结实坐果具有明显的调控作用。如硼肥能刺激花粉萌发和花粉管伸长，能显著提高结实率和坐果率，因此在白术生育期除了施用适量的氮磷钾肥以外，苗期、现蕾期、开花期特别注意各喷一次硼肥，硼肥主要是用硼砂或者安徽产的金地来硼肥，硼肥可以直接施于土壤，吸收效果不好时，也可以将硼肥用温水稀释速溶，采用叶面喷施增加种子产量。还有种子生产期间注意防止病虫害，及时拔除病株，以获得优质无病害的种子进行繁殖。

种子的采收时期一般选择在"小雪"前后，待种子成熟时采收。一般选择晴天在留种圃分批采收成熟术蒲，将白术连根拔起，剪下地下根茎，术蒲露出白色茸毛，晒1～2天，用竹棍敲击使种子脱落。没有完全成熟的种子，可将茎秆绑成捆倒挂在屋檐下阴干20～30天，促进白术种子后熟。脱落的术籽不能暴晒，需要立刻收集干燥的白术种子贮藏。白术种子用布袋等收集后，立即贮藏在10～14℃的冷藏室内，常温贮藏的种子不可用，贮藏期间避免虫害、鼠害。

2. 种子萌发特性

白术种子没有休眠习性，当吸收足够的水分时很容易萌发，萌发时间短，发芽率高，新种子萌发不易染菌。影响白术种子的出苗率、出苗整齐度的因素有两点，一是白术种子的活力，二是萌发条件。检测白术种子活力的最佳方法是TTC法（TTC即2，3，5-三苯基氯化四氮唑），其优点是快速、准确和简便，TTC法测得的种子活力高的，其发芽率也越高。诸多学者对白术种子的萌发条件进行了研究，沈宇峰等在进行白术种子发芽试验中研究了不同处理方式对白术种子发芽率的影响，结果表明，在浸种12小时、20℃恒温条件下、沙上暗培养的白术种子发芽率最高。田静等研究发现20℃时白术种子的发芽率最高，但是同样也发现来自河南、河北和浙江的白术种子，20℃时发芽率较高，但是发芽势和发芽指数都是在25℃条件下较高，因此综合考虑发芽率、发芽速度和发芽整齐度等因素，20～25℃这个范围内的温度均可作为白术种子萌发的适宜温度。白术种子吸水量达到饱和值的90%以上时，种子可以萌发，但其发芽率、发芽速度和发芽整齐性不如种子吸水达到饱和时好，由此可知，白术种子需完全吸胀才能较好地萌发。另外，考虑到光照促进胚芽生长与转绿、抑制胚根的伸长，黑暗促进胚根的伸长、抑制胚芽的生长与转绿，综合考虑白术种子发芽率、发芽势和发芽指数，在种子长出胚芽后，仍需要将已经发芽的白术种子移至光源下继续生长。如果进行白术育苗，建议进行浅播。

3. 种子繁殖

（1）选地、整地　白术育苗地应该选择海拔300m以上，避风、阴坡、气候凉爽的地方，前茬最好为无病虫害的禾本科作物，种过白术的土壤需要隔5～10年才可以育苗。土壤为砂壤土最适宜，有利于生根出苗。育苗地在前一年上冻前深翻，暴晒并撒上石灰消毒，也有人说可以用枯草焚烧消毒，但是鉴于环境保护，现在禁止铺草烧土。播种前捡除杂草木棍和石块等，将土块耙细，每亩施入复合肥30kg，过磷酸钙肥90～100kg作为基肥翻入土壤中，然后做成宽1.2m的高畦，挖深20cm的沟排水。

（2）种子选择及处理　最好选择一、二级种子（白术种子质量等级标准见表3-1）进行繁殖，将有光泽、成熟、饱满的种子放入20～25℃的温水中浸泡12小时捞出，沙藏催芽，每天淋水翻动一次，保持湿润，经4～5天种子开始萌动时即可播种。

表3-1　白术种子质量等级标准

级别	指标				
	净度/%	千粒重/g	水分/%	霉烂率/%	发芽率/%
一级	＞97.14	＞28.37	12.5～14	＜4.8	＞83.82
二级	94.58～97.14	25.78～28.37	14～15.5或11～12.5	4.8～17.5	64～83.82
三级	92.02～94.05	23.19～25.78	15.5～17或9.5～11	17.5～30.2	44.18～64
四级	＜92.02	＜23.19	＞17或＜9.5	＞30.2	＜44.18

注：低于三级标准的种子不得作为生产性种子使用

（3）播种　白术播种时期为春播。不同地区播种时间不一样，原则上2月下旬至4月上旬均可播种，但是每年气候存在差异，应该关注天气，避免倒春寒伤苗。因此应待气温稳定在12℃开始播种为宜。播种可采用条播或者撒播，在整好的畦面上横向开沟条播，沟距25～30cm，沟深3～5cm，播幅10cm，将萌动的种子均匀撒入沟内，播后覆盖3cm厚的细肥土或沙质土，畦面盖草保温保湿。撒播则是将萌动的种子均匀撒入畦面，并轻轻镇压，用细肥土或沙质土覆盖，以不见种子为度，在畦面上盖草浇水。条播用种量每亩地5kg，撒播每亩用种量为7kg左右。

（4）苗期管理　一般而言，播后7～10天即可出苗，幼苗出土后揭去盖草。幼苗出土后及时清除杂草，拔除过密或病弱苗，待苗高5～7cm时按株距4～6cm间苗。苗期注意肥水管理、病虫害防治，并及时摘除花蕾阻止生殖生长，促进营养生长。一般苗期追肥1～2次，第一次是种苗出齐后，追施复合肥，促进幼苗生长，第二次是8月份左右，摘除所有花蕾后，施用磷钾复合肥，促进根茎膨大，延长营养生长期。以施稀人畜粪水最好，用量不宜过多。苗期水分管理，及时浇水，保持土壤湿润，或行间盖草防旱。还要注意苗期虫害防治，可用25%溴氧菊酯2500倍液喷施。7月中旬，白术现蕾期，注意摘蕾，以减少养分的消耗。当年10～11月或翌年3～4月即可移栽，选择晴天挖取种苗，注意勿伤主芽和根茎表皮，剪去茎叶和须根，在室内阴凉干燥处贮存，备用移栽。

（5）术栽贮藏 术栽一般在霜降前后起挖，最晚也不要超过立冬节气。术栽起挖前7天不要浇水，选择晴朗天气，在土壤干燥时起挖。起挖的术栽抖掉泥土，然后进行修剪。减掉正芽以上0.5cm以外的枝茎，注意不要伤到正芽，不要留过多老茎枝，老茎枝影响术栽芽的萌发。然后再对根茎进行修剪，轻轻剪除术栽尾部1cm左右的须根。最后在通风阴凉处晾1～2天，待术栽表皮略微干燥后，用70%的甲基托布津800～1000倍液浸种1～3分钟，晾干后湿沙贮藏。贮藏时注意挑选出有病虫害的术栽，且不能大量堆积在一起，一层沙子一层术栽，堆积厚度不超过30cm，术栽不露出沙子表面，每隔10天检查一遍，上下翻动，避免发热，并及时拿掉病株和烂株。其实如果为了节省劳动力，移栽方便，术栽也可以直接留在苗圃地过冬，来年移栽时起挖，但是注意冬季温度零度以下时注意覆盖保温防冻。

（二）根茎繁殖

在白术收获时，选择健壮、无病害、顶芽饱满、侧芽少的根茎作种，具体要求为顶端芽头饱满，表皮细嫩，颈项细长，尾部圆大，个体重达5g以上。白术栽种前，必须进行药剂处理，用多菌灵或代森锰锌浸种4～5小时。栽种时按大小分类、分开种植，使出苗整齐、便于管理、提高质量。移栽方法同种苗移栽定植。

（三）扦插繁殖

白术嫩枝扦插繁殖在生产上基本上不用，浙江林学院应鸽课题组对其进行了实验研究。一般于4月份切取白术茎段，切成7cm左右插穗，并去除叶片以减少插穗水分蒸腾散失，放置待伤口微干后。然后将插穗的形态学下端在浓度为2g/L的NAA（萘乙酸）中浸泡20秒，然后直接扦插在泥炭和珍珠岩配比为1：3的基质中，为了避免伤到插穗应按照5cm×10cm的株行距挖好小洞，栽植深度为2~3cm，栽后压实，覆盖稻草等保湿，有条件的情况可以加盖小拱棚，待插穗栽植16天后撤掉覆盖物，用遮阳网遮阴，每天早晚各喷水一次，避免大水漫灌伤不定根。

二、栽培技术

（一）移栽地准备

白术野生于山区丘陵地带，海拔500~800m以上地区，怕干旱也怕涝害，怕高温高湿，喜凉爽气候，同时白术忌连作，砂壤土适合根茎类药材的生长。因此白术种植地适宜选择在地势较高、土层深厚的荒坡地，最好选择生地或停种白术5年以上的土壤，忌连作，前作以禾本科作物为好，不能与甘薯、烟草、花生、玄参、白菜等作物轮作，种植海拔200m以上。种植白术的土壤不能冬作，秋作收获以后去除长树枝、石块等，撒上石灰将杂草一起深翻，让土壤熟化，减轻草害和病虫害。白术移栽前施足基肥，耙细、整平。每亩施农家肥4000kg，配施适量磷肥作基肥，然后作畦宽1.2～1.6m，沟宽30cm，沟深25cm。畦面呈龟背状，便于排水。山区坡地的畦向与坡向垂直，避免水土流失。

（二）移栽定植

术栽移栽分为秋冬栽或冬藏春栽，南方地区从12月到翌年3月上旬均可栽植，北方一般4月左右栽植，因此南方既可以冬栽，也可以冬藏春栽，北方一般是冬藏春栽，术栽宜早不宜晚，早栽促进生根，增强白术抗性和吸水肥的能力。将术栽采挖后，挑选主芽饱满、无侧芽或者少侧芽（有侧芽轻轻将侧芽抹除）、根系发达、表皮细嫩、顶端细长、尾部圆大、无病虫害的术栽进行移栽。按照术栽的大小等级进行分类，分别栽植在不同种植地，便于分别管理。为了预防病虫，术栽栽植前用40%多菌灵300～400倍液或者80%甲基托布津500～600倍液浸泡30～60分钟消毒，然后捞起晾干。栽植方法可以条栽也可以穴栽，株行距为（20～25）cm×（12～25）cm之间，根据土壤肥力和术栽的品质来定，肥力好的、术栽质量优的稀植，反之适当密植。栽植深度为5cm左右，芽头向上，不宜过深，影响芽萌发，覆土整平畦面，稍镇压，浇水。

（三）田间管理

科学合理的田间管理模式是白术增产提质的重要环节，对于白术来说，田间管理主要包括中耕除草、追肥、摘蕾、防涝防旱等。

1. 中耕除草

土壤疏松能促进白术茎叶和根茎的生长发育，提高产量和质量。移栽出苗后进行第1次松土除草，行间宜深锄，植株旁宜浅锄，有利于根系伸展。5月进行第2次松土除草，宜浅锄，5月以后白术进入生长盛期，一般不再中耕，杂草用人工拔除，直到白术封行为止。7月份以后，白术生长旺盛，地下根茎膨大，可以结合施肥，培土1～2次，防止白术根茎露出泥面。注意雨后或露水未干时不能锄草，否则容易感染病害。

除草切忌使用除草剂，有部分杂草丰富白术地的生物多样性，反而对预防病虫害起到积极作用，一些高大的杂草在夏季可以起到遮阳保湿的效果，因此可以适当留些杂草进行仿野生栽培，降低农药和除草剂的使用，减少药材重金属农药残留。

2. 追肥

白术从移栽到收获大概是230～240天，其以根茎入药，因此在此期间以促使植株健壮，促进根茎肥大为主。白术也是一种需肥较多的植物，根据白术的生长发育特性，产区的药农总结了较好的施肥经验是"施足底肥、早施苗肥、重施摘蕾肥、增施磷钾肥"，还需要适当配施微量元素肥如硼肥、锌肥等。育苗地每亩施基肥2000kg（以腐熟农家肥为主），再加饼肥30kg每亩。种植地每亩施用农家肥2500kg作为基肥，移栽前每亩施用焦泥灰150kg、过磷酸钙40kg、饼肥50kg与土壤耙细混匀。等到芽萌发出苗整齐后，每亩施入人粪尿肥100kg。

5月下旬追肥，每亩施用1500kg充分腐熟的农家肥，并配施3kg左右的硫酸铵。

花蕾期摘蕾后7天左右，每亩追施腐熟饼肥100kg，人粪尿肥1500kg，并适当叶面喷施硼肥。值得注意的是，白术药材的主要有效成分是挥发油，增施微量元素有利于挥发油的产生，也可以提高根茎的产量和质量。因此可以在施用基肥，每1000kg农家肥中拌1kg左右的锌肥，达到白术增产提质的作用。

本书提倡生态种植，肥料以农家肥、人粪尿肥为主，但是目前农村里面的人粪尿肥越来越稀缺，收集很难，因此也可以用有机肥、微生物肥或者其他的堆肥代替，但是各厂家的肥料的组成不一样，成分也存在差异，我们可以根据以下肥料之间换算规律和肥料成分组成推算不同肥料的使用量。

肥料之间的换算公式：

1吨人粪尿相当于硫酸铵25~40kg，过磷酸钙13~25kg，硫酸钾4~6kg。

1吨猪粪尿相当于硫酸铵17kg，过磷酸钙21kg，硫酸钾10kg。

1吨牛粪相当于硫酸铵16kg，过磷酸钙16kg，硫酸钾3kg。

1吨马粪相当于硫酸铵28kg，过磷酸钙19kg，硫酸钾5kg。

1吨羊粪相当于硫酸铵33kg，过磷酸钙31kg，硫酸钾5kg。

1吨鸡鸭粪相当于硫酸铵55~82kg，过磷酸钙88~96kg，硫酸钾12~17kg。

1吨兔粪相当于硫酸铵86kg，过磷酸钙184kg，硫酸钾20kg。

1吨猪厩肥相当于硫酸铵23kg，过磷酸钙12kg，硫酸钾12kg。

1吨牛厩肥相当于硫酸铵17kg，过磷酸钙10kg，硫酸钾8kg。

1吨普通堆肥相当于硫酸铵20～25kg，过磷酸钙11～16kg，硫酸钾9～14kg。

1吨陈墙土相当于硫酸铵9.5kg，过磷酸钙28kg，硫酸钾16kg。

1吨草木灰相当于过磷酸钙219kg，硫酸钾150kg。

1吨大豆饼相当于硫酸铵350kg，过磷酸钙83kg，硫酸钾43kg。

1吨花生饼相当于硫酸铵316kg，过磷酸钙73kg，硫酸钾27kg。

1吨棉籽饼相当于硫酸铵171kg，过磷酸钙102kg，硫酸钾19kg。

3. 灌溉排水、覆盖抗旱

白术忌积水多湿，雨季要清理畦沟，排水防涝。如排水不畅，将有碍术株生长，易得病害。田间积水易死苗，要注意挖沟、理沟、雨后及时排水。8月份以后根茎迅速膨大，需要充足的水分，遇干旱应及时浇水灌溉，以免影响产量。

4. 摘蕾

生殖生长与营养生长是矛盾存在，生殖生长过旺会抑制营养生长，白术是以根茎为药材，因此应该让养分集中供应根状茎促其增长，除留种株每株5～6个花蕾外，其余植株摘除全部花蕾。7月上中旬至8月上旬，在20～25天内分

2～3次进行。摘花在小花散开、花苞外面包着鳞片略呈黄色时进行，不宜过早或过迟，摘蕾过早，术株幼嫩，会生长不良，过迟则消耗养分过多。以花蕾茎秆较脆，容易摘落为标准。在晴天露水干后，一手捏住茎秆，一手摘花，须尽量保留小叶，防止摇动植株根部，亦可用剪刀剪除。此外，白术根茎上常长出分蘖苗，也应及时摘除。

然而摘蕾劳动力成本高，操作不当还会损伤植株根部，影响产量。抑芽丹是一种内吸性顺丁烯二酰肼类暂时性植物生长抑制剂，有效成分为青鲜素钾盐，通过叶面角质层进入植株，从而抑制细胞分裂，降低光合作用，起到抑制芽生长的作用。1993年引入我国，一直作为烟草抑芽剂使用，安全低毒，无刺激性，进入人体后48小时会随着尿液排出，土壤中的微生物也可以将其降解。通过在白术上的实验发现，30.2%的抑芽丹水剂，浓度为70倍液，于6月中下旬（植株主茎上80%的花蕾达到蚕豆大小时）晴天每亩地喷洒75～100kg，可以不用再摘花蕾。喷洒后花蕾会有所膨大，属于正常现象，但是花蕾不会开花，不会消耗太多营养。

三、病虫害防治

白术的病害主要有立枯病、根腐病、白绢病、锈病、病毒病，虫害主要有蚜虫和地下害虫蛴螬、小地老虎等。

（一）病害

1. 白术立枯病

症状：白术立枯病，药农又称其为"烂茎瘟"，是白术苗期的主要病害，未出土幼芽、小苗及移栽苗均能受害，常造成烂芽、烂种。幼苗受害后，在近地表的幼茎基部出现水渍状暗褐色病斑，略具同心轮纹，并很快延伸绕茎，茎部坏死收缩成线状"铁丝茎"，病部常黏附着小土粒状的褐色菌核，地上部萎蔫，幼苗倒伏死亡。严重发生时，常造成幼苗成片死亡，甚至导致毁种。有时贴近地面的潮湿叶片也可受害，叶缘产生水渍状深褐色至褐色大斑，整张叶片很快腐烂、死亡。在高湿条件下，病部会产生淡褐色蛛丝状霉（即病菌的菌丝）以及大小不等的小土粒状褐色菌核，从而有别于白绢病与根腐病。

发生特点：立枯病由真菌半知菌亚门立枯丝核菌（*Rhizoctonia solani* Kuehn）侵染所致。病菌以菌丝体或菌核在土壤中或病残体上越冬，可在土壤中腐生2～3年。病菌寄主范围广，可侵害多种药材以及茄果类、瓜类等农作物。环境条件适宜时，病菌从伤口或表皮直接侵入幼茎、根部，引起发病，借雨水、浇灌水、农具、田间作业以及肥料等传播为害。一般从白术出苗至9月上、中旬均可发病，干旱年份发病轻。该病为低温、高湿病害。早春播种后遇低温、阴雨天气，出苗缓慢易感病。连作及前茬为易感病作物时发病严重。

2. 白术根腐病

症状：根腐病是一种为害维管束系统的病害。白术受害后，病株地下部细跟变褐腐烂，后蔓延到上部肉质根茎及茎秆，呈黑褐色下陷腐烂斑，养分运输受阻，地上部开始萎蔫。根茎和茎切面可见维管束呈明显变色圈，最后叶片全部脱落而成光杆，病株易从土壤中拔起。后期根茎全部变海绵状黑褐色干腐，皮层和木质部脱离，仅残留木质纤维及碎屑。发病至整株枯死的时间长，一般需20天以上。新、老产区均发生普遍，造成干腐、茎腐和湿腐，严重影响产量与质量。

发生特点：根腐病由真菌半知菌亚门尖孢镰刀菌（*Fusarium oxysporium*  Schl.）侵染所致。病菌以菌丝体在种苗、土壤和病残体中越冬，成为翌年病害的初侵染来源。种栽储藏过程中受热使幼苗抗病力下降，是病害发生的主要原因。病菌从伤口侵入根系，也可直接侵入。土壤淹水、黏重或施用未腐熟的有机肥造成根系发育不良，以及由线虫和地下害虫为害产生伤口后易发病。一般从4月中下旬开始发病，6～8月为发病盛期，8月以后逐渐减轻。发病期间雨量多、相对湿度大是病害蔓延的重要条件，蛴螬等地下害虫为害重会加剧白术根腐病的发生。

3. 白术白绢病

症状：主要发病部位在植株根茎部，多见于成株期。发病初期地上部分无明显症状，后期随温、湿度的增高，根茎内的菌丝穿出土层，向土表伸展，菌丝密布于根茎及四周的土表，并向主茎蔓延，最后在根茎和近土表上形成先为乳白色、半黄色，最后为茶褐色如油菜籽大小的菌核。由于菌丝破坏了白术根茎的皮层及输导组织，被害株顶梢凋萎、下垂，最后整株枯死。根茎腐烂有两种症状：一种是在较低温度下，被害根茎只存导管纤维，似一丝丝"乱麻"状干枯；另一种在高温、高湿条件下，蔓延较快，白色菌丝布满根茎，并溃烂成"烂薯"状，因此，产区又称"白糖烂"。

发生特点：白绢病由真菌半知菌亚门齐整小核菌（*Sclerotium rolfsii* Sacc.）

侵染所致。病菌主要以菌核在土壤中或附在病残体上越冬，也能以菌丝体在种栽上或病残体上存活。以菌丝生长蔓延为害。大量残留在土壤中的菌核，能存活5～6年，且仍具有较强侵染力。土壤、肥料、种栽等带菌是本病初次侵染来源，发病期以菌丝蔓延或菌核随水流传播进行再次侵染。本病从4月下旬到9月下旬都能发病，以"芒种"到"立秋"发病较重。高温、多雨易发病。最适发病温度为30～35℃，通气好、低氮的沙壤土发病重。

4. 白术铁叶病

症状：主要为害叶片，也可为害茎及苞片。一般在近地面的叶片首先发病，逐渐向上蔓延，起初现黄绿色小点，后病斑扩大互相连接，呈铁黑色的多角形、椭圆形或不规则形的病斑，多自叶尖及叶缘向内扩展，严重时病斑相互汇合布满全叶，后期病斑中心部呈灰白色或褐色，上生大量小黑点，即病原菌的分生孢子器。茎和苞片也产生相似的褐斑。病斑从基部叶片开始发生，随着病势发展蔓延全株，叶片枯焦并脱落，最后术株枯死。术栽地也同样受害，轻的小片零星发生，重的成片枯死。颇似火烧，药农又称为"火烧瘟"。

发生特点：铁叶病由真菌半知菌亚门白术壳针孢菌（*Septoria atractylodis Yu et Chen*）侵染所致。病菌主要以分生孢子器和菌丝体在病残体及种栽上越冬，成为来年的初次侵染来源。翌春分生孢子器遇水滴后释放分生孢子，借风雨传播，不断引起再侵染，扩大蔓延。种子带菌造成远距离传播，而雨水淋溅是近距离传播的主要途径。本病主要为害叶，由基部叶片首先发生，逐渐向上蔓延，在白术整个生长期间均能为害，一般在4月下旬发生，6～8月为发病盛期。遇阴雨天气，很快形成发病中心，然后向四周扩展，出现发病高峰，以后仍可继续出现几个高峰期。病情发展后，白术成片枯死。

5. 白术锈病

症状：白术锈病，俗称"黄斑病""黄疸"，是叶部病害之一。发病初期，在叶面发生黄绿色略微隆起的小点，以后扩大为褐色梭形、近圆形的病斑，周围有黄绿色晕圈。发生在叶主脉上的病斑，大多呈不规则梭形，大小约10mm。在叶背病斑处聚生黄色颗粒粘状物，即锈子腔。锈子腔密生一堆，当其破裂时撒出大量黄色的粉末，即锈孢子。最后锈子腔变黑褐色，病部组织增厚硬化，

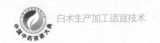
病斑处破裂穿孔。全叶有数个病斑，叶片即枯死。如病斑发生在叶柄基部时，能使整张叶片脱落。

发生特点：白术锈病由真菌担子菌亚门双孢锈菌（*Puccinia atractylodis* Syd）侵染所致。一般4月初开始发生，5～6月在植株茂密、湿度较高的情况下，发病较重，7月以后减轻。高温是锈病迅速发展的重要条件。

6. 病毒病

症状：田间表现白术病毒病的为害症状有多种，同一植株可能出现几种为害症状。花叶型：叶脉褪绿，黄绿相间，叶面凹凸不平，叶脉皱缩畸形，生长缓慢，严重矮化。黄叶型：病叶明显变黄，出现落叶现象。畸形型：叶片变线状，即蕨叶，植株矮小，分枝极多，呈丛枝状。

发生特点：病毒病由植物病毒黄瓜花叶病毒和烟草花叶病毒引起，黄瓜花叶病毒通过蚜虫、汁液摩擦传播，烟草花叶病毒通过种子、土壤病残体及汁液摩擦传播。此病喜高温、干旱的环境，发病适温20～35℃，湿度80%以下。高温干旱，缺水，缺肥或植株抗病力低，蚜虫未防治好发病重。

（二）虫害

1. 蚜虫

一年发生10代左右，4～6月为发生高峰期，专门危害白术嫩叶。蚜虫密集在嫩叶及新梢上吸取汁液，使叶色变黄、卷缩，植株萎缩，生长不良；且分泌

蜜露布满叶面，影响光合作用。

2. 潜叶蝇

成虫刺破叶组织产卵，吸食叶片汁液，使叶片造成很多白点。幼虫钻入寄主叶片组织中潜食叶肉，严重时叶片虫道密布，枯萎早落，产量下降。一般植株基部叶片受害重，虫数多时，潜道遍及全叶，致使叶片枯黄、脱落。

3. 小地老虎

一种多食性的地下害虫，以幼虫为害植株的幼苗。幼虫白天潜伏在表土下，夜间外出，从地面咬断术苗，拖入洞内咬食，或咬食未出土的幼苗，造成断苗缺株。苗出土后茎已硬化，也能咬食近土表的幼嫩枝叶。

4. 蛴螬

一年发生一代，4月上旬开始咬食术苗根茎及嫩茎，夏秋季危害最重，受害根茎变成麻点状或凹凸不平的空洞，严重时术株萎黄枯死；成虫5月中旬出现，傍晚活动，为害术叶，造成缺刻；卵散产于较湿润的土中。

5. 斜纹夜蛾

一种间隙性爆发的暴食性害虫，食性极杂。初孵幼虫在卵块附近昼夜取食叶肉，留下叶片表皮，俗称"开天窗"。幼虫4龄后昼伏夜出，食量骤增，将叶片取食成小孔或缺刻，严重时可吃光叶片，并为害幼嫩茎杆及植株生长点。

6. 黄胸寡毛跳甲

4～6月份是主要发生为害期，发生量往往在短期内迅速上升。以至于几十只成虫集中在一株白术植株的幼叶、新梢上为害。开始时仅啃食叶片表皮组织，或咬食嫩芽、心叶，造成叶肉缺失、叶面凹陷不平或心叶被咬断。后出现叶片穿孔，缺刻，叶片发黄，生长不良，植株明显矮化，甚至出现缺株断垄。新梢被害后常枯萎死亡。

7. 红蜘蛛

4月下旬至5月中旬初见，7～8月盛发，10月中下旬转入越冬阶段。以成螨、若螨或卵在田间落叶、土缝、杂草上越冬。以成螨和若螨群集在植株下部的叶背刺吸汁液，被害叶片出现黄白色斑点，逐步向上或四周蔓延，严重时会使受害全株叶片焦枯，脱落，严重妨碍植株生长发育。

8. 白术术籽螟

一种为害白术的单食性害虫。一年发生一代，从白术开花到收获都能为害。其幼虫主要为害白术种子、术蒲小花及肉质花托。术蒲小花被害后逐渐枯萎、干缩、造成种子空壳、失收，是白术留种田的主要害虫。

（三）白术病虫害的防治

白术病虫害以预防为主，特别是病害出现后很难控制，病害防治必须综合运用农业措施，将病害发生降低到最低水平，必要时选用高效、低毒、低残留的农药进行防治，提倡一药多治，减少农药使用次数，优先使用生物农药及矿物源农药中的铜制剂等。白术农药防治所需农药及方法主要有：

（1）种子和术栽的选择：选择无病虫害的种子和术栽进行繁育，术栽贮藏时经常检查，将有病害的术栽及时清除，术栽移栽前用多菌灵等浸泡消毒，杀死病原菌。

（2）白术在高温高湿环境或者连作情况下容易生病害，因此白术的的种植地应选择在阴凉、排水良好的地块，并避免连作。

（3）3月下旬至4月上旬，出苗前后注意防治蛴螬、小地老虎、蝼蛄等地下害虫。用50%辛硫磷乳油1000倍液或48%乐斯本1000倍液喷雾。出苗后到收获，特别是生长嫩的术苗易诱致蚜虫为害，应及时检查，用40%乐果1000倍液或5%吡虫啉2000～3000倍液喷雾，并悬挂诱蚜板。用药水浇灌：每担水中加入5%井冈霉素可湿性粉剂25～50g或20%毒死蜱乳油600倍液预防病害发生；也可加入50%辛硫磷乳油25～30ml或乐斯本防治地下害虫。

（4）4月下旬至7月上旬，9月至10月中易发生白绢病，特别是高温、闷热、多雨潮湿天气。检查田间，发现有枯萎植株，茎基表土有白色等物，拔除病株，撒施石灰，用70%甲基托布津800倍液或5%井冈霉素水剂500倍液或者50%异菌脲可湿性粉剂1000倍液喷雾。

（5）从4月到收获尤以6月至9月上旬，易发生根腐病，在摘蕾后立即进行

喷雨，以后每隔10天防治一次，连续3次。防治农药可用20%三唑酮乳油500倍液，可兼治白术铁叶病（俗称隆叶病）和白术立枯病。

四、采收与产地加工技术

（一）采收

采收一般于10月下旬至11月中旬白术茎叶开始枯萎时，选晴天将植株挖取，敲去泥土，剪去茎杆，留下根茎加工。根茎直接晒干或烘干，现多采用烘干法，开始用100℃，待表皮发热时，温度减至60～70℃，烘至半干时搓去须根，按大小分档，再烘至八成干，取出，分开堆放一周左右，使表皮变软，再烘至全干即可。

（二）产地加工

白术产地加工是白术进入商品市场前的初步处理与干燥，白术采收后长久堆积，容易发芽、霉烂，应尽快干燥，去除杂质、多余水分，保持品质不变，便于保管、运输和药用。白术初加工主要是通过晒、烘等手段进行干燥，直接日晒的为生晒术，火炕烘干的为烘术。一般采用后者的为多。

1. 生晒术

将新鲜的白术抖净泥沙，剪去术杆，直接日晒至足燥为止。将采收回的白术，薄摊于干净的水泥晒场上，每晒1～2天，用四齿耙等工具进行翻动，促进根须脱落和受晒均匀，直至晒至全干，但要随时注意天气变化，如遇雨天，要将白术收回放于阴凉通风处，切勿堆高淋雨，晴天再晒至全干。不可晒后再烘，或者晒了烘，烘了晒，以免影响质量。由于采收加工季节正处于秋冬，气温低，阳光也不猛烈，日晒时间往往较长，道地产区一般不采用生晒术。也可视市场需要切片晒干，但费工较大或需配切片机械，生晒的场地也较大。

2. 烘术

用炕床或烤房进行烘烤干燥。因此干白术质地坚硬，表皮色深，断面略呈角质样，有裂隙，显菊花纹，一直被称为上品。将鲜白术铺放在烘炕的竹帘上烘烤。开始火力可猛些，但要均匀，火温约80～100℃，以炕面不烫手为宜。烘1小时左右，待蒸汽上升，白术表皮开始发热至稍干硬时，便可压低火力，降低温度至60～70℃。烘烤约2小时后，将白术上下翻动1次，使其受热均匀并使部分须根脱落。继续烘3～5小时后，将白术全部倒出，不断耙动，至须根大部分脱落，再修除术秆（芦茎）。此法叫"退毛术"。然后再将大、小白术分开，大的放底层、小的放上层，再烘8～12小时，温度60～70℃，约6小时翻1次，达7～8成干时，全部出炕，除去须根、粗皮及泥沙等，然后再按大小分开在室内放5～7天，不宜堆高，使体内水分渗出至外表皮，再用文火（温度掌握在40～45℃）烘烤，约6小时再翻动1次，直到翻倒时发出清脆的"喀喀"声时干透术心为度。为保持炕灶内温度一致，可在白术上面覆盖麻袋等。烘术折

干率为30%左右，一直被公认为比生晒质量要好。但烘烤白术时，要根据干湿度，灵活掌握火候，既要防止高温急干，烘泡烘焦，又不能低温久烘，变成油闷霉枯。燃料要用无烟火，切勿用含油脂的松、杉、柏等树柴做燃料，以免影响外色及品质，鲜白术不宜堆放太久，一般3～5天就要上炕烘烤，否则久置内质易变黄。

3. 可控式"火囱"加工法

可控式"火囱"加工设备包括主体部分和温度可控装置（传统的柴囱灶仅有主体部分，没有温度可控装置）。主体部分结构类似于传统柴囱灶，即火炉、囱火道、烟道、囱斗架。用砖、水泥、沙、木板和竹片等材料制成。可控式装置包括炉门和风门、火力控制板、控温板、温度计、烟囱等。其加工方法是：将采收后的白术，去除泥土置于可控式"火囱"加工设备上，点燃柴火进行烘培，刚上囱的鲜白术其温度可相对较高，可用100～110℃温度囱1～2小时后将温度调至70～80℃再囱4～5小时，然后将囱斗内白术翻出并用四齿耙等工具不断翻动使其须根脱落，而后将须根完全脱落的白术按大小分开，大的放下层，小的放上层，继续烧火，此时温度应控制在70～80℃，视白术干湿程度囱若干小时后翻出摊凉，并按大小分别置于室内干燥处堆积6～7天，使其内在水分外渗，最后将白术重新上囱并用60℃的文火且上盖麻袋之类的物品进行烘培12～24小时直至干燥。

此方法适用于白术、玄参等根茎类药材的干燥加工，且可控式"火阃"设备制作简单，成本低。不但可避免加工过程中常常出现的阃焦、阃泡等问题，更能使加工出来的药材质地匀称，外观好看。

白术干燥的标准，根据经验鉴别，干燥后的白术根茎相互敲击时，声音清脆响亮，如是噗噗的闷声，说明尚未干透。

（三）贮藏

中药材贮藏是中药材生产管理的一个重要环节，中药材贮藏不但是一门技术，也是一门学问，掌握好了非常受用，运用适当还能提升中药材的品质，规避市场风险，增加收入。中药材贮藏的主要古书唐《千金方》中记载："诸杏仁及子等药，瓦器贮之，则鼠不能得之也；凡贮药法，皆须去地三四尺，则土湿之气不中也。"在医院中药材仓库的保管中，注意药材要充分干燥，除注意防虫鼠害、霉变、泛油、泛酸等以及远离有毒害、有异味、有污染源的工厂或者其他环境以外，还可以利用一些简单易行、行之有效的方法贮存药材，会收到良好的效果。白术是根茎类药材，其主要成分为挥发油，高温高湿条件下容易泛油，还会导致霉菌滋生，因此应贮存于清洁无异味、通风良好、干燥、阴凉之处，防潮、防热、无阳光直射的房间。切制的饮片必须晒干、放冷，装入坛内闷紧，梅雨季节宜入石灰缸存放。还有白术与丹皮对抗贮藏，有防蛀作用。

五、白术的炮制技术

白术炮制始于唐《千金》，有"熬""土炒""酒制"的记载，《太平圣惠方》开创了锉、炒黄、炒焦等新的炮制方法。2015年版《中国药典》收录了白术和麸炒白术两种饮片规格，现代中医临床多用麸炒白术，传统认为白术麸炒的目的主要是缓和药性，减少对胃肠的刺激性，增强健脾和胃的作用。

（一）白术的炮制方法

1. 生白术

拣净杂质，用水浸泡，浸泡时间应根据季节、气候变化及白术大小适当掌握，泡后捞出，润透，切片，晒干。健脾燥湿，利水消肿为主，用于痰饮，水肿，以及风湿痹痛等。

2. 麸炒白术

先将麸皮撒于热锅内，候烟冒出时，将白术片倒入微炒至淡黄色，取出，筛去麸皮后放凉，每白术片50kg，用麸皮5kg。能缓和燥性，借麸入中，增强健脾作用，用于脾胃不和，运化失常，食少胀满，倦怠乏力，表虚自汗，胎动不安等。

3. 焦白术

将白术片置锅内用武火炒至焦黄色，喷淋清水，取出晾干。温化寒湿，收敛止泻为优。

4. 土炒白术

取伏龙肝细粉，置锅内炒热，加入白术片，炒至外面挂有土色时取出，筛去泥土，放凉，每白术片50kg，用伏龙肝粉10kg。借土气助脾，补脾止泻力盛，用于脾虚食少，泄泻便溏等。

（二）白术炮制的现代研究

1. 白术炮制工艺研究

吴慧等研究发现白术麸炒时，所用麦麸粒径应>40目，含水量<10%，白术经优选的蜜麸炮制后色泽光润，内在质量佳。朱慧萍等优选出的蜜麸炒白术最佳炮制工艺为：炒制温度270℃，炒制时间21分钟，蜜麸皮量10%。赵文龙等优选出麸炒白术的最佳工艺为：炒制温度170℃，炒制时间为2分钟，投麸量为药材的10%。康立等认为鲜白术产地一体化加工和炮制工艺是在传统的囟灶烘半干基础上直接进行切片后低温下烘干。

2. 炮制对白术化学成分的影响

石晓等研究发现，不同炮制方法对挥发油含量有影响，挥发油的含量由高到低为生白术 > 清炒白术 > 麸炒白术 > 土炒白术 > 焦白术，各炮制品挥发油中的化合物含量均发生了变化，苍术酮含量显著降低，3种成分消失，增加了6种新成分。陈鸿平研究发现，白术经土炒炮制后挥发油含量有所降低，但清炒后

含量却增高，土炒品苍术酮、香叶烯B明显降低，γ-榄香烯、棕榈酸、亚油酸等成分明显升高。孔翠萍等发现麸炒白术和刮麸炒白术中2-甲基丁醛、3-甲基丁醛的含量比生品和清炒品的要高，刮麸炒白术中最高，认为这两种成分为焦香健脾的化学物质。王琦等研究发现，白术经土炒炮制后挥发油含量有所降低，但清炒后含量却增高；土炒品和生品、清炒品挥发油组成成分无差异。

何宏生等研究发现，炒黄、炒焦黄、炒焦黑、麸炒、麸炒蜜炙、蜜炙麸炒等炮制方法均能降低饮片中白术内酯Ⅰ的含量。沈建涛等研究发现，白术内酯Ⅰ、Ⅲ的含量在炒制的过程中没有明显增加；但随样品放置时间延长，以粉末形式存放的不同白术样品中白术内酯Ⅰ、Ⅲ的含量呈增加趋势，土炒及加醋土炒的含量明显增加，而以饮片形式存放的样品增加却不明显。何英姿发现不同炮制品种多糖含量顺序为：炭白术 > 土炒白术 > 麸炒白术 > 焦白术 > 清炒白术 > 生白术。白术经炒制后白术多糖含量显著升高。多糖组成分析表明，白术炒制前后多糖成分均由甘露糖、核糖、鼠李糖、葡萄糖、半乳糖及阿拉伯糖组成，葡萄糖百分含量最高，但各单糖摩尔比无统计学意义。表明白术炮制过程中多糖含量增加主要由炒制引起，辅料土无实质作用。

3. 炮制对白术药理作用的影响

宋丽艳等以D-半乳糖（D-gal）所致亚急性衰老小鼠模型研究炮制对白术抗衰老作用影响。结果表明，麸炒白术、土炒白术、生白术水煎液能够降低衰老小鼠血清中丙二醛、肝组织中脂褐质含量，使血清超氧化物歧化酶、过氧化氢酶活性提高；醋炙白术没有作用。翁萍等采用炭末标记法，结果发现，与模型组比较，白术炮制品能明显抑制脾虚小鼠胃排空率及小肠推进率；与生白术组比较，各炮制组能抑制脾虚小鼠胃排空率及小肠推进率。赵文龙等比较测定白术生品、麸炒品对大鼠饮水量及尿量的影响，同时考察了白术生品、麸炒品影响脾虚大鼠4种胃肠激素、2种神经递质在血清中含量，结果，灌服麸炒白术水煎液的大鼠饮水量减少，且利水作用较生品减弱。麸炒白术品较生品能更好地降低脾虚大鼠血清中生长抑素、血管活性肠肽的含量，促进胃排空，兴奋回肠和胆囊收缩，促进胃肠蠕动，调节消化液分泌，进而缓解脾虚症状。白术生品组和麸炒白术组大鼠胃泌素、P物质、胆碱酯酶、一氧化氮的含量较模型组均显著升高，且以上4个指标水平麸炒品组高于白术生品组。

第4章

白术特色适宜技术

一、稻田免耕种植

针对白术传统生产用工量大、劳作繁重辛苦、轮作期长的情况，以及白术忌连作特性，新昌中药材研究所开展了"水稻-白术-水稻"、"茭白-白术-茭白"的栽培模式创新研究与应用，稻田白术主要创新点是对常规栽培进行了"三改"的优化。一改精耕细作为稻田免耕，可节约人工10个左右；二改多次中耕为不耕手拔，白术生长得更健康，有利缓和了季节性的劳动力矛盾；三改前期多氮为前期控氮，即控制地上部分促进地下部分生长的新技术。措施是肥料施用控氮增磷钾，少施或不施尿素，多用含硫酸钾的进口复合肥，底肥多施磷肥。晚稻收割后即可开沟，按宽1.2～1.5m做畦，畦长不超过10m，开好沟，把沟泥放在畦田上晒干细碎，沟宽25cm，一定要开深，深度在50cm以上（泥田），有利于排水。在做畦前要削一下较高的稻株并把田面脚孔填一下。栽种时在畦面开浅沟或挖浅穴，每畦种6株，株行距为（20～30）cm×25cm，术栽顶芽向上齐头，栽后按每亩用进口复合肥和过磷酸钙各50kg，施好底肥，用焦泥灰覆盖，并覆土1～3cm为宜。栽种后可用50%乙草胺每亩100ml封面进行芽前除草。这样明显提高了出口术比例，蛙形术提高了14%，目前市场价格出口术比一般术高出5元/千克；其次还能增产15.2千克/亩，增产率高达6.5%。2007年该项技术在新昌县应用面积已达2000多亩，增效100万元以上。

稻田免耕种植技术适合南方大部分地方，各地可以根据实际情况推广和应用。

二、"连作"生物有机肥的开发和应用

白术忌连作，一般需要间隔3～5年后才能再种植，白术重茬障碍一直是困扰产区术农的一大难题。为解决此白术重茬问题，新昌中药材研究所以浙江大学农业与生物技术学院研制，由杭州同力生物工程技术有限公司生产天然生物有机肥，并在白术连作地进行了"连作"试验。结果分析，重茬田白术施用天然生物有机肥"连作"，能有效缓解重茬障碍因子，改善作物根际微环境条件，促进生物生长发育，提高抗逆、抗病能力，减轻病菌为害，从而提高白术的产量。重茬白术在应用"连作"生物有机肥时，以基肥为主，在苗期和孕蕾期再各施一次，比对照增产25.51%，获得良好的效果。但是连作要彻底解决还需要配合各项栽培措施，生物有机肥能缓解连作问题，但是不能彻底解决连作障碍。

三、白术的套种技术

（一）白术套种玉米

浙江磐安是全国白术的主产地之一，生产历史悠久，生产经验丰富。根据

白术喜阴凉，忌高温和忌土壤水分过多等特点，为了减轻白术病虫害的发生，提高土壤利用率，增加经济效益的目的，浙江磐安利用白术套种春玉米。在沟两边套种春玉米的白术产量最高，经济效益最好。原因在于套种春玉米后，玉米需水量大，降低了土壤水分，使白术的病害较少发生，提高了保苗率。后期高温季节，又起了遮阳降温作用，减少了阳光的直接照射，改善了白术生长的田间小气候，使白术根茎提早进入膨大期，同时也延长了膨大生长期，而且降低了植株高度，使地上部植株生长健壮，从而提高了产量，达到优质、高效、高产的目的。套种春玉米后，白术的保苗率比对照上升了3.3%～16.28%；根茎单个重比对照上升0.6%～12.47%；株高比对照下降3.04%～16.36%；同时套种春玉米的白术根茎膨大期比对照提早了10～20天，其产量也相应提高了3.7%～31.2%，每亩地的经济效益提高37.7%～38.0%。同样天津地区在白术地里套种了玉米，获得了较好的效果，白术每亩产鲜品900～950kg，套种玉米单产240kg，每亩纯效益2000元以上。

（二）桑园套种白术

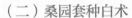

幼龄桑园和老龄桑园锯桩芽接改造后，桑园套种其他经济作物可提高桑园的经济效益。在不影响桑园丰产性能的前提下，中药材白术可与1～2年未成园的桑树间作套种。选择适宜于本地生长的产量高、抗病力强的优良桑品种，以育71-1、强桑一号、农桑系列等搭配为宜。亩栽1000～1200株（育71-1品种适宜1000株），株行距为50cm×130cm或40cm×130cm，这样既利于通风透光，又利于桑园间作和田间操作，使桑树发挥其最大的丰产性能。桑苗定植后，注意进行修剪和定干处理，特别注意建立旱能灌、涝能排的桑田灌溉体系，保持桑田正常含水量。春季巧施催芽肥，夏季重施谢桑肥，冬季施足冬肥。施肥过程中应避免施单一元素肥料，在施好速效肥的同时，配合施有机肥、增施专用复合肥等措施，达到桑田平衡施肥，提高桑园的土壤肥力，满足桑树生长和白术生长的肥料需求。

四、组织培养

植物组织培养，是将植物离体组织接种在适宜的培养基上进行培养使其增殖的一种繁殖方式。白术以种子繁育为主，但组培在良种培育和种质资源保存方面具有重大优势。

1. 外植体的选择及其消毒方法

白术的外植体可以是下胚轴、叶片、叶柄、茎段等，也可以用种子繁殖无菌苗后切取无菌叶片、叶柄、茎段作为外植体继续培养。白术外植体的消毒方法：大田种植的白术于接种前10天左右转移到室内，不要浇水，将叶片、叶柄、茎段或者芽剪成合适大小，用洗衣粉洗去表面尘土，自来水冲洗3小时，用75%的酒精浸泡30秒，然后用2%次氯酸钠处理5分种，配合0.1%氯化汞溶液

浸泡10分钟复合消毒，最后用无菌水冲洗3～5次，即可转接入培养基中。白术种子用流水冲洗1～2小时，用0.12%氯化汞溶液浸泡20分钟，再用无菌水冲洗3～4次，接种到诱导培养基上。8～12天后隐芽开始萌发，待芽长至约4cm时，取叶片、叶柄、茎段为外植体。

2. 愈伤组织诱导和芽分化

将外植体接种于添加不同植物生长调节剂的MS培养基上进行愈伤组织和芽分化的优化，下胚轴、叶片或叶柄在MS+6-BA 2mg/L+NAA 1mg/L的培养基上愈伤组织的诱导率最高，6-BA在1～2mg/L，NAA在0.5～2mg/L浓度范围内的不同配比均可成芽，诱导效果较为理想，其中培养基pH值为5.6～5.8。培养条件为温度（25±2）℃，光照强度1500Lx，每天8小时。

3. 试管苗生根与移植

当试管苗长至2～3cm高时，将生长健壮的不定芽切下，接种于1/2MS+NAA 0.5mg/L（或IBA 0.5mg/L）的培养基上，培养温度25℃，光照强度1500lx，每天10小时，白术生根较容易，培养10天左右开始生根。当苗高5cm左右，根系多，长度为2～3cm时可准备移栽。炼苗移栽一般选择早春或者深秋，将培养瓶在组培室打开2～3天，然后转到温室或者大棚炼苗3～5天。期间珍珠岩、蛭石、园土、碳渣按1∶1∶2∶1的比例配好营养基质备用，然后将白术组培苗小心取出，用清水轻轻洗掉根部的培养基，晾干，然后挖穴栽植即

可。移栽前期，要将空气湿度保持在75%～85%，遮光率为40%，环境温度控

制在20～26℃，定期喷施水保湿，3天后喷施1000倍液的多菌灵或甲基硫菌灵，

隔5天再喷一次，以防病菌，1周后逐渐减少喷水次数。生长20～30天，待有新

根长出，即可定植于富含腐殖质的砂质土壤中，成活率一般为80%左右。

第5章

白术药材
质量评价

一、本草考证与道地沿革

（一）本草考证

1. 白术来源考证

术在《尔雅》中有记载，其药用最早记载于战国时期《五十二病方》，汉代的《神农本草经》收载了"术"，列为上品。当时未分白术和苍术。据野上真里等考证，《居延医简》《武威医简》《素问》《脉经》《甲乙经》等古医书中均未见白术。明代的《本草崇原》中有"《本经》未分，而汉时仲祖汤方始有赤术、白术之分"、"仲祖《伤寒》方中，皆用白术；《金匮》方中，又用赤术，……赤术，即是苍术，其功用与白术略同"的说法，《金匮要略》中未见"赤术"或是"苍术"二字。此外，《本草纲目》中记述了仲景以"赤术同猪蹄甲烧烟"的说法。因此南北朝以前，并无白术、苍术之分，分苍白者，始于梁代陶弘景，明确于唐代蔺道人，阐明于宋代寇宗夷，发展于金元明清诸医家。

宋代《本草图经》中明确记载术的花有"紫碧色"类型，并汇有7幅图。因为苍术属植物开红花的只有白术和鄂西苍术，因鄂西苍术分布区十分狭小，至今尚未见药用记载，所以开紫色花的极大可能是指白术（ *A. macrocephala* ）。《本草图经》有较细致的绘图，其中"舒州术"、"越州术"，叶5～7全裂，与今白术基本一致。同时期的《苏沈良方》记载舒州白术与苍术的显著区别是花紫色。宋代舒州即今安徽省潜山县，据调查，依然有少量野生白术。明《本草品汇精要》有"舒州白术"。因此，很显然，古代白术药材来源于植物白术的根状茎。根据白术的产地来判断，《本草图经》记载的"杭、越、舒、宣州"也应为白术。

2. 白术原植物形态描述考证

《本草经集注》中记载了："术乃有两种：白术叶大有毛而作桠，根甜而少膏，可作丸散用；赤术叶细无桠，根小苦而多膏，可作煎用"。叶的描述与白术中部叶片羽状全裂，苍术叶片半裂或不裂的特征相符；根茎的描述与苍术比白术地下根茎稍小的特征相符；味道的描述与白术味甜微辛，茅苍术味辛、苦，北苍术味微甘、辛、苦相符。《图经本草》云："春生苗，青色无桠。一名山蓟，以其叶似蓟也。茎作蒿秆状，青赤色，长三、二尺以来；夏开花，紫碧色，亦似刺蓟花，或有黄白花者；入伏后结子，至秋而苗枯；根似姜，而旁有细根，皮黑，心黄白色，中有膏液紫色。………叶叶相对，上有毛，方茎，茎端生花，淡紫碧红数色，根作桠生。以大块紫花者为胜。"该描述将苍术与白术药材的形态特征相混杂，其中根似姜、旁有细根、心黄白色、中有膏液紫色的特征为二者的共同特征，茎青赤色、花黄白色、根茎皮黑的特征与今之苍术或北苍术原植物相符，而其他特征与今之白术原植物相符。商州术、荆门军术、石州术、歙州术四种的根茎呈不规则连珠状或结节状，叶片不裂或叶裂较

浅，类似今之苍术或北苍术的原植物；舒州术、越州术两种的根茎呈肥厚团块状，叶似羽状全裂，类似今之白术原植物。至于齐州术，尽管叶似羽状全裂，但其根茎不似白术，无法辨认。《本草衍义》云："苍术其长如大小指，肥实，皮色褐，气味辛烈……白术粗促，色微褐，气味亦微辛苦而不烈。"明代《御制本草品汇精要》描述了苍术和白术的区别："（苍术）叶细无毛，……夏开花似刺蓟花而紫碧色。……其根似姜而无桠，傍有细根，皮黑肉黄，中多膏液，其味苦甘而烈，惟春及秋冬取者为佳易生白霜者是也"；"（白术）叶大有毛，……夏开黄白花，……其根似姜而有桠，傍有细根，皮褐肉白，中少膏液其味甘苦而不烈，惟春及秋冬取者佳锉碎不生霜者是也"。该描述中，除对于苍术、白术花颜色的描述与今之植物志记载相反外，其他基本相符。清代《本草崇原》对于二者的茎、叶及根茎的描述更为详细："白术近根之叶，每叶三岐，略似半夏，其上叶绝似棠梨叶，色淡绿不光。苍术近根之叶，作三五叉，其上叶则狭而长，色青光润。白术茎绿，苍术茎紫。白术根如人指，亦有大如拳者，皮褐色，肉白色，老则微红。苍术根如老姜状，皮色苍褐，肉色黄，老则有朱砂点。白术味始甘，次微辛，后乃有苦。苍术始甘，次苦，辛味特胜。白术性和而不烈，苍术性燥而烈，并非一种可知。"《本草纲目拾遗》引百草镜云："白术一茎直上，高不过尺，其叶长尖，傍有针刺纹，花如小蓟。"以上的文字描述与当今的植物志、中药鉴定学中对白术的描述基本相符，此外，《图

经本草》《本草纲目》《本草原始》以及《植物名实图考》中分别附有白术的原植物图或药材图，亦与今之白术描述相符。由此可见，自明代以来，各医家已经能将苍术、白术准确的分开了。

（二）道地沿革

全国白术道地药材的形成有于（於）术、浙东术、歙术、祁术、舒州术、江西术、平江术等7个产地的品种。下面就根据文献研究不同产地白术的形成历史和发展过程。

1. 于（於）术

于术为于潜白术的简称。于潜，今属浙江省临安市，古时归杭州领辖。宋《本草图经》（1061年）记载杭州产白术，于术之名始见明万历年间（1573～1619年），《杭州府志》："白术以产于潜者佳，称于术。"清《本草从新》（1757年）将于术列为野白术，清《本草纲目拾遗》（1803年）："即野术之产于潜者……今难得，价论八换。"至此，"于术"仍指野生而言。清同治（1862～1874年）、光绪（1875～1908年）年间，野生于术数量极少，提供的全是人工栽培品。可见，自19世纪初，于术商品因野生资源的匮乏，已由野生转向栽培。

2. 浙东术

宋《本草图经》记载越州（今浙江绍兴）有白术，并附越州术图，该图

虽无花，但叶呈复叶状，似白术。明成化（1465～1487年）《新昌县志》记载"白术出十四都彩烟山"，即本草所谓越州术。清《本草从新》记载种白术"产浙江台州（今浙江临海）燕山"。清《本草纲目拾遗》记载有栽培的"象术""台术"以及产自仙居的"野术"。可见，以浙江东部白术在宋代已开发利用，在清朝已发展栽培。20世纪50年代以浙江东阳、磐安、新昌、嵊县为中心，四周邻县如永康、缙云、仙居、天台等都有出产，总称浙东白术。

3. 歙术

宋《本草图经》附有歙州术图，并记载宣州产白术。明（1565年）《本草蒙筌》对歙术有详尽论述："歙术，俗名狗头术，产深谷，虽瘦小，得土气充盈，宁国、昌化、池州者，并与歙术，境相邻也"。可见，歙术包括了当时歙州、宣州、宁国等地的野生白术。清《本草从新》在野白术项下："其者出宣、歙县，名狗头术，冬月采者佳。"清《本草纲目拾遗》："安徽宣城歙县亦有野生术，名狗头术，亦佳。"歙术的栽培始于清朝，"产徽州（今安徽歙县）者皆种术"。1937年《歙县志·物产》记载："术所出之州七，歙与焉，产大洲源及陔源一带，远销福建、关东，为邑药材出品大宗，亦为邑第一良药。"至今，歙县一直是白术的道地产区。

4. 祁术

祁术是祁门白术的习称，主产于安徽省祁门县山区。1873年《祁门县志》

载有药材160种，祁术列为其首。《安徽通志·物产》记载：清末年间，祁术曾在南洋群岛国际土产博览会上以"质地优良"享誉海内外，当时已远销日本及东南亚各国。1937年《中国通邮地方物产志》记载：民国年间，屯溪老街"石翼农"、"同德仁"等药号，每年冬季大量收购鲜祁术，进行晾晒加工后，以小包装寄往当时上海的"元昌参号"、"慎茂昌参号"作为补品出售，在销售价格上高出白术许多倍。至20世纪80年代，祁术多取自野生资源，商品量小，现在已开始探索祁术的引种驯化。

5. 舒州术

《本草图经》记载舒州有白术，并附舒州术图，叶5裂呈复叶状，茎顶端有头状花序，极似白术。《宋史·地理志》：安庆府贡白术。宋《苏沈良方》："舒州白术，茎叶亦皆相似，特花紫耳，然至难得，三百一两。"可见，舒州术在宋代资源已十分匮乏。唐、宋时期舒州、南宋安庆府治所均在今安徽潜山县。宋《清异录》："潜山产善术，以其盘结丑怪，有兽之形，因号为狮子术。"1934年《安徽通志稿》："潜山志谓：药品最可贵曰野白术，形蟠若龙凤，产高峰悬崖者良，《清异录》所称狮子术也，甚难弋取。"现在，潜山民间仍能偶尔采到野生白术。

6. 江西术

江西术主产于幕阜山的修水、铜鼓等地。南宋《妇人大全良方》（1237年）

记载："白术拣白而肥者，方是浙术;瘦而皮黄色者，出幕阜山，力弱不堪用。"

江西栽培白术是在清康熙年间（1662～1722年）由浙江于潜引入，先在江西袁州府（今宜春市）种植，不久发展到安福、萍乡，再传入修水、铜鼓。清《本草从新》在"种白术"项下记载："江西白术……虽有鹤颈而甚短，其体坚实，其味苦劣。"现江西修水等地已成为白术的主产地之一。

7. 平江术

湖南白术以主产于幕阜山西麓平江县产量大，称为平江术，或坪术。18世纪中叶，白术从江西传入湖南。平江术一部分为本地产，产量低，品质差，而从江西引种，称为"袁术"，产量高、品质优。平江白术在抗战后得到了迅速发展，抗战后，浙东术农西移平江，指导白术生产，按照浙东加工方法制成白术，种植面积大，年产量高，平江白术供应整个南方市场。建国后，平江白术年产1×10^7kg，占湖南省的50%。

（三）白术道地药材的变迁

在宋代，白术的药用价值受到重视，人们首先就近开发野生资源，浙江、安徽等地的资源首先得以利用。随着资源的不断开采，利用区域扩大到幕阜山区。在较大范围内，白术的临床药效得到比较，在明清时期歙术、于术等道地药材已经形成。随着野生资源的逐渐减少，白术在道地产区的引种驯化应运而生。江西、湖南等地也相继引种，扩大栽培，逐步发展为主产区之一。由于野生资源的匮乏和医家对野生药材的推崇，祁门白术渐受关注，奉为道地。舒州白术因未开展栽培，民间仍有零星应用。1949年后，各地竞相引种，冲击了道地产地生产，但白术始终以北纬29°50′～30°50′的中亚热带常绿阔叶林地带的于潜、浙江东部、安徽皖南山区以及潜山等地为道地。

1. 历史背景与白术产地的变迁

据李金兰等考证，宋以前的术类药材包括苍术和白术，在宋代由于林亿等人的极力推行，出现了贵白术而轻苍术的现象。由于白术的药用价值受到重视，人们就近利用野生资源丰富、蕴藏量大的地区。长江中下游地区人口密度大、农业发达，天目山、浙东丘陵山地、皖南山区以及大别山区的白术首先得到开发，如《本草图经》："今白术生杭、越、舒、宣州高山岗上。"12世纪靖康南渡之际，北人蜂涌南迁，林木茂密的会稽山开始出现"有山无木"的情形。对野生白术的利用被迫向其他地区发展，《本草图经》200多年后的南宋《妇人大全良方》记载了幕阜山区白术的开采。抗战后，浙东术农西移平江，对平江白术的发展提供了强大的技术支持，湖南平江渐成为主产区之一。

白术产区也与人文背景关系密切。《妇人大全良方》作者陈自明为江西临川人，《本草蒙筌》作者陈嘉谟是安徽祁门人，《本草从新》作者吴仪洛为浙江海盐人，《本草纲目拾遗》作者赵学敏为浙江杭州人，他们分别对其熟悉的白术产区中的生产以及品质都有详细的论述，推动了道地药材的发展。

2. 引种驯化与道地产地的变迁

随着白术野生资源逐步减少,《本草蒙筌》记载浙江早在明朝就已开始白术栽培。《本草纲目拾遗》认为"台术以及各处种术,皆于术所种而变者,功虽不如于术,服亦有验"。由于白术在道地产地的成功栽培,使道地药材得以形成和延续。幕阜山白术在古代评价不高,但该区的江西修水和湖南平江自从于潜引种后,凭借品种和技术优势,也逐渐发展为主产区之一。舒州术在宋朝资源已十分匮乏,后世又未开展引种栽培,该区至今未形成白术主产区。

3. 野生药材的推崇与祁术的兴起

祁术与歙术同产于皖南山区,但祁术的记载远迟于与之相邻的歙术,至19世纪中叶才被奉为道地。究其原因,可能与医家推崇野生白术有关。如《本草蒙筌》:"浙术,种平壤……歙术,产深谷……仍觅歙为优。"《本草纲目拾遗》将徽州栽培白术视为"粪术"。1815年《宁国府志》:"其野者生于山谷间,土人移种平地,谓之移山术,不及野者远甚。"长期对野生白术的推崇和利用,歙县、于潜等地的野生白术相继濒危,祁门地处偏远,交通不便,蕴藏了相对丰富的野生资源。因此祁术在歙术、于术的野生资源匮乏之后,才倍受关注。

4. 竞相引种对白术道地产地的冲击

在1958年"就地生产,就地供应"的方针指引下,各地竞相引种白术。至

20世纪80年代，栽培区在北方分布到豫皖苏淮平原与河北中部，南抵粤北丘陵山地，全国栽培的县多达200多个。零散、非道地产地的竞相扩种，导致白术产量起伏不定，1955～1995年间有6次较大的起落。道地产地生产成本相对较高，在价格竞争中处于劣势。市场价格的大起大落，对道地产地的术农影响较大，生产积极性容易受到挫伤。如祁术引种驯化起步迟，生产周期长，发展缓慢，需要较强的栽培技术，白术市场的波动影响了祁术的发展进程，至今祁术生产仍有限。

二、药典标准

菊科植物白术（*Atractylodes macrocephala* Koidz.）的干燥根茎。冬季下部叶枯黄、上部叶变脆时采挖，除去泥沙，烘干或晒干，再除去须根。

（一）性状

本品为不规则的肥厚团块，长3～13cm，直径1.5～7cm。表面灰黄色或灰棕色，有瘤状突起及断续的纵皱和沟纹，并有须根痕，顶端有残留茎基和芽痕。质坚硬不易折断，断面不平坦，黄白色至淡棕色，有棕黄色的点状油室散在；烘干者断面角质样，色较深或有裂隙（图5-1）。气清香，味甘、微辛，嚼之略带黏性。

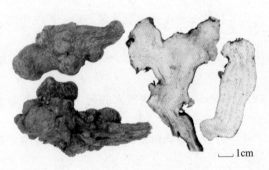

图5-1　白术药材

（二）鉴别

1. 显微鉴别

根茎横切面：木栓层为1～5列木栓细胞，其间夹有1～2列断续的石细胞带。皮层、韧皮部及射线中散有油室，长径180～370μm，短径135～200μm。表成层环明显。木质部外侧的导管1～3列径向排列，基旁无木纤维束，内侧的导管周围有较发达的木纤维束。薄壁细胞中含草酸钙针晶和菊糖（图5-2）。

图5-2　白术药材显微和粉末鉴别图
1.草酸钙针晶　2.纤维　3.石细胞　4.菊糖　5.导管

2. 粉末鉴别

粉末淡黄棕色。草酸钙针晶细小，长10～32μm，不规则地聚集于薄壁细胞中，少数针晶直径至4μm。纤维黄色，大多成束，长梭形，直径约至40μm，壁甚厚，木化，孔沟明显。石细胞淡黄色，类圆形、多角形、长方形或少数纺锤形，直径37～64μm。薄壁细胞含菊糖，表面显放射状纹理。导管分子短小，为网纹及具缘纹孔，直径48μm。

3. 理化鉴别

取本品粉末0.5g，加正己烷2ml，超声处理15分钟，滤过，取滤液作为供试品溶液。另取白术对照药材0.5g，同法制成对照药材溶液。照薄层色谱法（通则0502）试验，吸取上述新制备的两种溶液各10μl，分别点于同一硅胶G薄层板上，以石油醚（60～90℃）–乙酸乙酯（50∶1）为展开剂，展开，取出，晾干，喷以5%香草醛硫酸溶液，加热至斑点显色清晰。供试品色谱中，在与对照药材色谱相应的位置上，显相同颜色的斑点，并应显有一桃红色主斑点（苍术酮）。

（三）药典标准

以个大，质坚实，断面色黄白，香气浓者为佳。

以《中华人民共和国药典》（2015年版）一部为标准，白术药材质量要求如表5-1。

表5-1　白术质量标准表

序号	检查项目	指标	备注
1	水分	≤15.0%	
2	总灰分	≤5.0%	
3	二氧化硫残留量	≤400mg/kg	二氧化硫残留量测定法
4	色度	与黄色9号标准比色液比较，不得更深	溶液颜色检查法
5	浸出物	≥35.0%	60%乙醇，热浸法

三、质量评价

（一）白术商品的真伪鉴别

1. 鉴别

（1）药材鉴别　形状：呈肥拳状团块，长3～13cm，直径1.5～7cm。颜色及表面：表面灰黄色或灰棕色，烘术断面淡黄白色，中间木部淡黄色或浅棕色。表面有不规则的瘤状突起、断续的皱纹和沟纹，并有须根痕，顶端有下陷圆盘状茎基和芽痕。下部二侧膨大似如意头，俗称"云头"；向上渐细或留有一段地上茎，俗称"术腿"。断面：略有"菊花纹"及分散的棕黄色油点，微显油性。质地：坚硬，不易折断。气味：气清香，味甜、微辛，嚼之略带粘性。

（2）饮片鉴别　白术片：呈不规则片状，长3～4cm，厚约3cm，表面灰白色或淡黄色，粗糙不平，中间有棕色环纹，中心有菊花纹、棕色小点以及破裂空隙。周边外皮灰黄色或灰棕色，有皱缩，间有弯曲深缺裂，可见有瘤状突起。质坚实。

土白术：表面显杏黄土色并附细土末。

焦白术：表面显焦黄色或焦黑色，断面显棕褐色。质松脆。微有焦香气，味焦苦。

麸白术：表面显黄棕色或棕褐色，偶见有焦斑，多裂隙及油室小点，偶附着焦麸末。质坚硬。有焦香气。

2. 伪品或易混淆品

（1）菊三七为菊科植物菊三七 *Cynura segetum*（Lour.）Merr.的根茎。呈拳形肥厚团块，长3～6cm，直径3cm。表面灰棕色或棕黄色，有瘤状突起及断续的弧状沟纹，突起物顶端常有茎基和芽痕，下部有细根痕。质坚，不易折断，断面淡黄色。纵切面有灰黄色筋脉，横切面显菊花心状。味淡而后微苦。粉末镜检无草酸钙结晶及石细胞。

（2）芍药根头为毛茛科植物芍药 *Paeonia lactiflora* Pali.的根茎切片。药材多为不规则纵切片。外表面灰棕色或棕褐色。断面不平坦，类白色或浅棕色，具放射状纹理。味微苦、略酸。镜检可见薄壁细胞中含成行排列的草酸钙簇晶，无石细胞。

（3）朝鲜土白术为同属植物关苍术 *Atractylodes japonica* Koidz. ex Kitam

的根茎。药材呈结节状圆柱形或不规则团块状。表面黄棕色或棕褐色，有瘤状突起及不规则皱纹。断面纤维性，黄白色或淡黄棕色，有裂隙及油点。气清香，味甘、微苦辛。新鲜断面置紫外光灯下显银白色荧光。

（二）白术的商品等级

关于白术规格性状、等级的记载早在《开宝本草》就有，其云："术，今处处有之，以蒋山、白山、茅山者为胜。十一月、十二月、正月、一月采好，多膏脂而甘。"《图经本草》曰："术，以嵩山、茅山者为佳，根似姜而傍有细根，皮黑，心黄白色，中有膏液紫色"，"以大块紫花者为胜，又名乞力伽"。明代《本草蒙筌》云："浙术（俗呼云头术）。种平壤，颇肥大，由肥力滋溉。歙术（俗呼狗头术）。产深谷，虽瘦小，得土气充盈。采根秋月俱同，制度烘曝却异。浙者大块旋曝，没润滞油多。歙者薄者薄片顿烘，竟干燥白甚。凡用惟白者胜，仍觅歙者尤优。"明代《本草品汇精要》曰："根坚白、不油者为好"，"杭州于潜佳"。《本草纲目》中载："白术，桴蓟也，吴越有之。人多取根载莳，一年即稠。嫩苗可茹，叶稍大而有毛。根如指大，状如鼓槌，亦有大如拳者。彼人剖开暴干，谓之削术，亦曰片术。陈自良言白而肥者，浙术；瘦而黄者，是幕阜山所出，其力劣。"

由此可见，古代本草已经对不同产地，不同加工方法所造成白术质量差异进行了归纳，并且多以外观色泽，以及断面的色泽和油润程度来确定白术的质

量。1984年我国颁布《76种药材商品规格标准》对白术商品规格等级作了明确的规定，即：

一等干货。呈不规格团块状，体形完整。表面灰棕色或黄褐色。断面黄白色或灰白色。味甘、微辛苦。每千克40只以内（最小个体不低于25g）。无焦枯、油个、坑泡、杂质、虫蛀、霉变。

二等干货。呈不规格团块状，体形完整。表面灰棕色或黄褐色。断面黄白色或灰白色。味甘、微辛苦。每千克100只以内（最小个体不低于10g）。无焦枯、油个、坑泡、杂质、虫蛀、霉变。

三等干货。呈不规格团块状，体形完整。表面灰棕色或黄褐色。断面黄白色或灰白色。味甘、微辛苦。每千克200只以内（最小个体不低于5g）。无焦枯、油个、坑泡、杂质、虫蛀、霉变。

四等干货。体形不计，但需全体是肉（包括武子、花子）。每千克200只以内（最小个体不低于2g）。间有程度不严重的碎块、油个、焦枯、坑泡、无杂质、虫蛀。

二氧化硫残留测定：依照2015版《中国药典》一部，样品照二氧化硫残留测定法（通则2331）均不得超过400mg/kg。

重金属含量测定：按WM/T 2-2004标准，样品铜含量不得过20.0mg/kg；砷含量不得过2.0mg/kg；镉含量不得过0.3mg/kg；铅含量不得过5.0mg/kg；汞

含量不得过0.2mg/kg。

农药残留量测定：按 WM/T 2-2004标准，样品中β-六六六、δ-六六六、五氯硝基苯、o，p'-DDT、p，p'-DDE 含量均不得过0.1mg/kg。

（三）传统经验鉴别指标与白术药材商品规格等级之间的关系

王浩等根据"德尔菲法"对白术传统鉴别指标的提取和重要程度的测试结果，按照不同外观性状的重要程度，从白术的断面油点、断面颜色、断面质地、表面、气味等性状方面得到划分白术商品规格等级的依据，方便我们从表观来初步判断药材的优劣。

1. 白术商品规格等级与白术性状和质地的关系

一、二、三等质优的白术药材呈不规则团块状，根茎下部两侧膨大似如意头，俗称"云头"，白术质地坚硬，不易折断；四等白术药材体形不计，并有不同程度的不严重碎块，质地密实。

2. 白术商品规格等级与白术表面特征的关系

白术药材表面光滑皱缩，质地密实而饱满，未开花打籽而及时采收的等级较高，质优；而白术药材表面粗糙，质地松泡而呈枯朽状，在经过开花打籽后进行采收的等级低，质劣。

3. 白术商品规格等级划分与白术药材断面的关系

一级药材断面棕黄色渐至淡棕黄色，菊花纹明显，油点多（≥30个/cm²），有蜂窝状孔隙，断面平整而光滑；二级药材断面黄白色渐至淡黄色，有菊花纹，油点较多（≥15个/cm²），有裂隙，断面平整但呈蜂窝状；三级药材断面黄白色渐至淡黄色，菊花纹不明显，油点较少（≥10个/cm²），有较大空隙；四级药材断面淡黄白色至白色，菊花纹不明显，油点少（≥5个/cm²），质地密实，基本无裂隙。

4. 白术商品规格等级划分与白术饮片质地的关系

一级饮片颜色棕黄色，油点散布、较多，有空隙，质地密实；二级饮片颜色浅黄色，油点散布、较少，有空隙，质地较密实；三级饮片颜色浅黄色至黄白色，油点较少，无空隙，质地松泡；四级饮片颜色黄白色至白色，油点少，无空隙，质地松泡。等级高的饮片颜色偏淡棕黄色，油点散布，油室数量多（≥30个/cm²）质地密实，手摸较硬，质优；等级低的饮片颜色偏黄白色甚至白色，基本上无油点散布，油室数量少（≥5个/cm²），质地疏松，手摸发软，且表面非常光滑。

5. 白术商品规格等级与气味的关系

气清香，浓郁，味甘，微辛，嚼之带黏性药材质优，味甘而微辛苦的药材质稍劣。

第6章

白术现代研究与应用

一、化学成分

白术的化学成分研究在国内已经取得了相当大的进展，从白术根茎中分离出来的化合物主要有挥发油、内酯类化合物、多糖、苷类成分、氨基酸及其他类化合物。

1. 挥发油成分

白术的主要化学成分为挥发油，含量为1.4%左右，但是不含有苍术素（Atractylodin）。刘胜姿等的研究表明苍术酮的含量在不同的提取方法下含量不等，渗漉法和超临界流体萃取法适于白术中苍术酮的提取。陈仲良用色谱法得到以下物质：白术内酯Ⅰ，白术内酯Ⅱ，白术内酯Ⅲ，8-β-乙氧基白术内酯-Ⅲ，12-α-甲基丁酰-14-乙酰-8-顺白术三醇，12-α-甲基丁酰-14-乙酰-8-反白术三醇，14-α-甲基丁酰-8-顺白术三醇，14-α-甲基丁酰-8-反白术三醇。黄宝山分析得到：白术内酯Ⅳ，杜松脑，棕榈酸，β-香树素乙酸酯，γ-谷甾醇，β-谷甾醇；其中白术内酯Ⅳ为新化合物，甾醇和三萜酯为首次分得。张强等成功地分出65个成分，鉴定了23个；组分中以酮类化合物含量最高，在65%以上，其中苍术酮的含量最高（61%）。崔庆新等采用GC/MS联用分析法分析了白术挥发油中的77个组分，鉴定了其中46个组分，含量最多的是苍术酮（43.7%），其他成分石竹烯、榄香烯、α-石竹烯、5-脱氢异长叶烯、吉马烯B

等主要是萜类化合物。

2. 内酯类化合物

林永成等从白术中分离得到双白术内酯、8，9-环氧白术内酯、4，15-环氧羟基白术内酯3种新的倍半萜内酯。李伟等从浙江生白术中分离并鉴定出白术内酯Ⅰ、白术内酯Ⅱ、白术内酯Ⅲ、双白术内酯等成分。段启等用HPLC法测得浙江缙云白术生片、炒白术、麸炒白术、土炒白术中白术内酯Ⅰ、Ⅱ、Ⅲ的含量分别为1.3261、1.5910、1.5348、1.7380mg/g。

3. 多糖

多糖广泛存在于中药材中，现代药理学表明，多糖是中草药发挥独特疗效的重要物质基础。白术中多糖作为白术的一个重要组成成分，是重要的生物高分子化合物，也是植物抗氧化的主要活性成分，是目前白术研究的重要方向之一。白术中含有白术多糖PM、甘露聚糖Am-3等。将白术水提沉物经732强酸型阳离子交换树脂、硼酸型 DEAE-cellulose 柱分离得到 PSAM-1、PSAM-2 两个杂多糖。伍乐芹等人采用 UV，IR，NMR，GC-MS，高碘酸氧化和Smith降解等物理化学方法对从白术根茎提取的白术多糖的纯度、理化性质和结构进行了表征，得到结论：白术多糖是分子量约为3263的均一多糖，有葡萄糖和半乳糖以摩尔比3.01：1构成杂多糖，具有多分支结构，主链由β-D-1→3和β-D-1→3，6-吡喃葡萄糖构成，每个重复单元具有一个支链，支链由β-D-半乳糖

构成，连接在主链葡萄糖的6位碳原子上。池玉梅等将白术水提醇析物经732强酸型阳离子交换树脂脱蛋白，硼酸型DEAF纤维素柱分离得2个水溶性多糖（AMP）为PAM-1和PAM-2，经高效液相检测证明均为单一糖，多糖用三氟醋酸封管水解，水解物经高效液相色谱检测，确定二者均为杂多糖，其中多糖PAM-1由半乳糖、鼠李糖、阿拉伯糖、甘露糖组成，PAM-2由木糖、阿拉伯糖、半乳糖组成。陈鸿平等用紫外分光光度法测定不同土炒白术多糖的含量，含量高低依次为灶心土炒白术（55.70%）>黄土炒白术（52.42%）>赤石脂炒白术（50.88%）>窑土炒白术（50.41%）>壁土炒白术（49.98%）>生白术（47.12%），说明白术经不同辅料土炒炮制后，白术多糖含量均有增高，但不同炮制品之间无显著性差异。

4. 氨基酸

李昉、陈文等分别用PICO-TAG自动氨基酸分析仪和柱后衍生法测定云南河口和湖南平江白术中的氨基酸，均测得白术至少含有17种氨基酸，其中7种是人体必需的氨基酸，前者测得含量较高的是谷氨酸，达0.135mg/g；后者测得总氨基酸含量为73.73mg/g，含量较高的是脯氨酸，达29.347mg/g。

5. 苷类成分

Junichi K等从白术甲醇提取物的水溶性部位分离得到9个苷类化合物，分别为淫羊藿次苷F2，淫羊藿次苷D1，丁香苷，二氢丁香苷，苍术苷A，苍术

苷 B，10–表苍术苷 A，莨菪亭–β–D–吡喃木糖基–（1→6）–β–D–吡喃葡糖苷，

（2E）–癸烯–4，6–二炔–1，8–二醇–8–O–β–D–呋喃芹糖基–（1→6）–β–D–

吡喃葡糖苷，其中后两种为新化合物。李伟等首次从浙江产白术中分离出

尿苷。

6. 其他成分

除了上述成分，白术还含有三萜类成分、香豆素类化合物、植物甾醇类化

合物、维生素 A、树脂及丰富的微量元素 Mn、Cu、Fe、Ca、Mg 和 K 等。

二、药理作用

很多学者对白术及其分离出来的单体进行了药理研究，白术及其单体有 20

余种药理作用，分别是对消化系统的作用、免疫调节、调节子宫平滑肌、抗衰

老、抗肿瘤、抗突变、脑保护、肾保护、调节心脏生理功能、降糖、抗炎抗

菌、扩张血管、镇静、对神经系统的作用、调节腹膜孔、调节淋巴细胞、抑制

脂肪形成、抑制代谢活化酶、抑制酪氨酸酶活性、对心肌细胞的影响等。现将

其主要的药理作用总结如下。

1. 对消化系统的作用

（1）调节肠胃功能及运动　李育浩等研究发现白术丙酮提取物经口灌胃给

药，150mg/kg 可抑制大鼠胃排空；25mg/kg 能促进小肠的输送功能。实验表明

白术丙酮提取物抑制胃功能，而对小肠运动则有促进作用。陈镇等用白术挥发油25、50、100mg/kg对正常小鼠及用阿托品预处理小鼠进行肠推进试验和胃排空试验，结果表明各个剂量组均能促进胃肠运动。马晓松等用0.1mg/g白术水煎液给小鼠灌胃，可促进小鼠胃肠推进运动，而胆碱能受体阻断剂阿托品可几乎完全拮抗其作用，表明白术水煎液对小鼠胃肠运动的促进作用主要是通过胆碱能受体介导，α受体阻断剂酚妥拉明可部分拮抗其作用，β受体阻断剂心得安对其几乎没有作用，说明其作用机制与α受体有关，但与β受体关系不大。

（2）调节胃酸及胃蛋白酶　李育浩等研究发现白术丙酮提取物300mg/kg经十二指肠给药，对幽门结扎大鼠胃液分泌量有抑制作用，能升高胃液pH值，降低胃液酸度，减少胃酸及胃蛋白酶排出量，对胃蛋白活性有抑制趋势；经口灌胃给药，500mg/kg可防治盐酸-乙醇所致大鼠胃黏膜的损伤。祝金泉等研究发现0.5%、1.0%的白术醇提液能促进胃黏膜细胞的增殖，刺激胃蛋白酶的分泌。

（3）增强唾液淀粉酶活性　郝延军等研究发现浓度为0.8mg/ml的白术内酯Ⅰ具有增强唾液淀粉酶活性的作用，可能为白术健脾运湿的有效成分之一。

2. 免疫调节作用

单味白术能提高动物脾细胞体外培育存活率，延长淋巴细胞寿命，使TH细胞明显增加，提高TH/TS比值，纠正T细胞分布紊乱状态，可使低下的IL-2

水平显著提高，并能增强T淋巴细胞表面IL-2R的表达，从而起到免疫调节作用。白术多糖PAM对小鼠具全面免疫增强作用：一定剂量白术多糖能增强小鼠免疫器官重量，增强腹腔巨噬细胞吞噬功能，在白细胞减少时，增加白细胞数目；增强小鼠血清中溶血素的含量，刺激B细胞分化增殖转变为浆细胞，从而提高机体内抗体水平，增强体验免疫功能和机体非特异性免疫功能。

3. 对子宫平滑肌的作用

周海虹等研究表明，白术醇提取物和醚提取物对未孕小鼠离体子宫的自发收缩及对催产素、益母草引起的子宫兴奋性收缩均呈显著抑制作用，并随给药量增加而抑制作用增强；前者作用强，还能完全对抗催产素引起豚鼠怀孕子宫的紧张性收缩，后者作用较弱。此结果与传统应用白术安胎，治疗胎动不安的作用相符合，推测其安胎成分可能主要是其脂溶性成分。

4. 延缓衰老

白术不仅具有免疫调节作用，而且具有明显的抗氧化作用，能避免有害物质对组织细胞结构和功能的破坏作用。另外也有提高SOD活性趋势，增强机体清除自由基的能力，减少自由基对机体的损伤。文献表明：白术煎剂可提高小鼠全血谷胱甘肽过氧化物酶（GSH-Px）活力，降低红细胞中丙二醛含量，并有一定的延缓衰老作用。白术能提高12月龄以上小鼠红细胞超氧化物歧化酶（SOD）的活性，抑制小鼠脑单胺氧化酶B（MAO-B）活性，对抗细胞自氧化

溶血，清除自由基。

5. 调节淋巴细胞和抗肿瘤

白术多糖PAM能促进淋巴细胞向成熟T淋巴细胞转化，明显提高外周血T淋巴细胞ANAE染色率，从而抑制肿瘤。白术多糖PAM对淋巴细胞的调节与β-肾上腺素受体激动剂异丙肾上腺素相关。白术有降低瘤细胞的增值率，减低瘤组织的侵袭性，提高机体抗肿瘤反应能力及对瘤细胞的细胞毒作用。白术对肿瘤的抑制作用可能是通过白术多糖对小鼠非特异性和特异性免疫机能全面增进作用而实现的。

6. 降血糖

白术有加速体内葡萄糖代谢和阻止肝糖元分解的活性物质。白术精油中的白术内酯A对四氧嘧啶诱发的高血糖小鼠有显著的降血糖作用，β-桉叶油醇能增强因可选择性地阻断神经肌肉接头而对糖尿病并发症的治疗作用；白术煎剂内服后有保护肝脏、防止四氯化碳引起的肝糖元减少的作用。白术酸性多糖则能减少糖尿病大鼠的饮水量和耗食量，显著降低四氧嘧啶糖尿病大鼠血糖水平，抵抗四氧嘧啶引起的大鼠胸腺、胰腺萎缩，对四氧嘧啶引起的大鼠胰岛损伤有一定的恢复作用。

7. 调节神经系统

白术对植物神经系统有双向调节作用，可通过调整植物神经系统功能，治疗脾虚病人消化道功能紊乱的有关诸症，从而达到补脾的目的；β-桉叶油醇兼有布比卡因和氯丙嗪具有的苯环利定（phencyclidine）降低骨骼肌乙酰胆碱受体敏感性的作用，并对琥珀酰胆碱引起的烟碱受体持续的除极有相乘的作用，苍术醇对平滑肌以抗胆碱作用为主，兼有Ca^{2+}拮抗作用，此二者使白术具有镇痛作用，后者更与白术健脾的作用密切相关。

三、应用

（一）临床应用

1. 归脾汤（《济生方》）

治思虑过度，劳伤心脾，怔忡健忘，惊悸盗汗，发热体倦，食少不眠，或妇人脾虚气弱，崩中漏下。白术、茯神（去木）、黄芪（去芦）、龙眼肉、酸枣仁（炒去壳）各30g，人参、木香（不见火）各15g，甘草（炙）7.5g，当归、远志各3g。上咬咀，每用12g，水1.5盏，生姜5片，枣1枚，煎至七分，去渣，温服，不拘时候。方中白术助人参益气补脾，为臣药。

2. 白术散（《外台秘要》）

治呕吐酸水，结气筑心。白术、茯苓、厚朴各2.4g，橘皮、人参各1.8g，荜茇1.2g，槟榔仁、大黄各3g，吴茱萸1.2g。水煎，分两次服。方中白术配茯苓、人参治脾胃虚弱。

3. 白术调中汤（《宣明论》）

治中寒痞闷急痛，寒湿相搏，吐泻腹痛。白术、茯苓、陈皮、泽泻各15g，干姜、官桂、藿香各0.3g，甘草30g，缩砂仁0.3g。上为末，白汤化蜜少许调下。方中白术配茯苓、泽泻治脾虚湿滞。

（二）临床新用

1. 治疗腰痛

常用白术30g、茯苓15g、杜仲15g、肉桂5g、扁蓄15g、瞿麦15g、牵牛子6g、蒲公英30g、甘草6g；湿热腰痛用白术15g、苍术15g、黄柏10g、牛膝15g、薏苡仁15g、木通10g、木瓜20g、甘草6g；肾虚腰痛药用白术30g、杜仲15g、破故纸15g、菟丝子15g、熟地黄15g、山药15g、山萸肉10g；瘀血腰痛药用白术30g、熟地黄30g、延胡索10g、血竭6g、山甲珠10g、鸡血藤15g、木瓜20g、甘草6g。

2. 治疗便秘

急、慢性便秘用单味生白术60g为1剂，急性便秘只投1剂，慢性便秘每日或隔日投1剂，连用3剂，每剂煎煮两次，取汁1次服，重用白术可以治疗便秘。

3. 治疗腹泻

排除慢性肠炎、慢性菌痢等的腹泻患者，采用白术芍药散合四神汤为基本方治疗，每晚1剂，10日为1个疗程。

4. 治疗肝硬化腹水

白术有软坚散结之功，重用能消症积化瘀滞，可用于治疗肝硬化、肝癌。用生白术60～90g，茯苓、泽泻、防己、牛膝各5～20g，大腹皮、车前子各20～30g，赤芍40～50g，椒目、二丑（研末冲服）各6～9g，黑大豆30g；同时服用虫草花积散（冬虫草、穿山甲各90g，三七、桃仁各60g，莪术120g，丹参150g，水牛角40g研为细末），每服9g，日3次。腹水消退10日后，改为：生白术60g，黑大豆30g，赤芍30g，日1剂，水煎服。

5. 治疗胃柿石合并胃翻转

胃石症合并胃翻转是临床上少见的一种急性病，属中医积聚、关格、呕吐。一般手术治疗。有报道用健脾理气润肠法成功治愈患者。用法：生白术60g、枳实15g、川朴12g、郁金12g、香附10g、苏梗10g、当归15g、火麻仁15g，1剂水煎服，禁食，配合支持疗法。方中大剂量白术补益中气，活血化瘀，使胃气鼓舞，血液通畅，胃功能加强。

6. 治疗儿科疾患

（1）小儿厌食症 对有厌食症的小儿用药，枳实10g、白术15g、荷叶10g、焦山楂10g、曲半夏6g、胡黄连6g、姜黄6g、砂仁6g、鸡内金10g、炙甘草4g；小儿厌食属脾胃气虚者均用参苓白术散治之，小儿厌食因脾运失健用曲麦枳术丸，更以白术为主药。

（2）小儿呕吐、泄泻　属胃寒者用丁萸理中汤温中散寒，以党、术、草扶脾益胃，配干姜、丁香、吴茱萸温中散寒、降逆止呕；小儿风寒泄泻用藿香正气散亦用白术；小儿积滞因脾虚夹积者，用健脾丸治之，以党参、白术扶脾益气为君，配炒三仙消食导滞，枳实、陈皮理气消胀。从而可知，凡小儿病属脾虚失运诸疾，均可用白术。

（3）小儿虚汗　用玉屏风散合牡蛎散。以黄芪配白术健脾益气而固表，表固则止汗，佐防风走表，助芪、术御风，为补中寓散之义；用牡蛎、浮小麦均能收敛止汗。若兼营卫不和之证可加桂枝、芍药调和营卫；若气阴两虚，以盗汗为主伴自汗，则加生脉散益气养阴。

（4）小儿外感证　小儿感冒兼夹食滞，常用藿香、神曲、枳实、麦芽、山楂之类消食导滞，或兼服保和丸，加用白术健脾，以增强效导之功。

（5）小儿咳嗽、哮喘病　小儿痰湿咳嗽常用二陈汤化痰燥湿，可加白术健脾以增化痰之功；小儿常见的一种以发作性哮鸣气喘的哮喘病，多因素体肺、脾、肾三脏不足，痰饮留伏为主要内在因素，故白术常用之；如在缓解期，多为肺、脾气虚，可用玉屏风散补肺固卫，方中白术健脾，培土生金，得黄芪以益气固表，防风得白术则祛邪而扶正，亦可用六君子汤健脾化痰，治痰必须理脾；治肾虚不纳之哮喘可用六味地黄丸或金匮肾气丸补肾固本，亦每加白术健脾，因先天之本亏虚必培补后天之本。

（6）小儿肾炎水肿　为小儿常见病证，因小儿不密，皮肤薄嫩，加之寒温不能自调，故易为外邪侵袭，伤及脏腑，导致肺、脾、肾功能失调而发水肿，常以五苓散为主方，方中用白术健脾以利水，急性期风水相搏者加用麻黄连翘赤小豆汤，湿热内侵者加用三妙丸。慢性肾炎水肿则按肾阴虚、肾阳虚之不同情况，亦可用五苓散加服六味地黄丸或八味地黄丸治之。

7. 治疗妇科疾病

（1）痛经　治痛经用白术9g，炒白芍30g，陈皮12g，防风9g，经行不畅，色紫挟块者，加五灵脂10g，蒲黄10g；经红量多，烦热口干，舌红苔黄脉数者，加牡丹皮、栀子；小腹冷痛，喜暖，红色暗淡，挟块，舌淡苔白者，加肉桂、艾叶。每日1剂，水煎2次温服，每次经前5日开始服用，至经期过停服。连服3个月经周期。

（2）带下证　用白术20g，茜草15g，乌贼骨15g，三味均制成药粉，均分6份，每日3次，每次1份，开水冲服，伴腰困重腰痛，用杜仲15g、川断续30g。水煎冲服药粉。

（3）滑胎　用白术南瓜粥，白术9g，南瓜适量，加饴糖一匙。随量食用。芪术红枣糯米粥：黄芪30g，白术15g，党参10g，红枣15g，糯米50g。先将中药煎熬，去渣取汁。煮糯米粥，待粥熟时，下药汁同煮1～2沸即成。早、晚各1次。

（4）胎动不安　用白术酒，白术60g，黄酒50g。上药为细末。每次用6g，与黄酒50ml同煮数沸，候温。温服，每日早、中、晚各1次。芪术黄芩饮，炒白术10g，黄芩9g，川断续10g，苏梗9g，竹茹6g。以上五味共煎水，水沸50分钟后，取汤加红糖，温服。

（5）妊娠水肿　白术陈皮饮，白术100g，陈皮10g。将白术、陈皮洗净放入砂锅内，加水适量煎煮，水沸后加入白糖适量，每日饮服3次。香橼白术汤，白术100g，香橼皮10g，白糖适量，将香橼皮、白术洗净，放入锅内加水适量煎煮，沸后去渣取汁，加入白糖适量，小火再煮沸即成。

（6）产后呕逆不食　用白术25g，生姜30g，水煎加红糖20g，徐徐温服。

8. 治疗遗尿

术果芡实粥：白术10g，白果10颗，芡实20g，同煮粥，加糖1匙。顿服，每日1～2次。

9. 治疗妇女血虚肌热

或脾虚蒸热，或内热寒热。术苓汤：白术、白茯苓、白芍（炒）各3g，甘草（炒）2g，姜枣水煎，加红糖20g，温服。

（三）配伍应用

白术味苦、甘，性温。归脾、胃经。具有健脾益气、燥湿利水、止汗、消痰、安胎的功效。用于脾虚食少、腹胀泄泻、痰饮眩悸、水肿、自汗、胎动不安。生白术以健脾燥湿，利水消肿为主，用于痰饮，水肿，以及风湿痹痛。土炒白术，借土气助脾，补脾止泻力胜，用于脾虚食少，泄泻便溏，胎动不安。麸炒白术能缓和燥性，借麸入中，增强健脾、消胀作用。用于脾胃不和，运化失常，食少胀满倦怠乏力，表虚自汗。白术可以与多种药材配伍，常配伍人参或者党参、茯苓、甘草等同用，以益气健脾；治疗脾胃虚寒，腹满泄泻，常配伍人参或者党参、干姜等同用，以温中健脾；治疗脾虚而有积滞，脘腹痞满，常配伍枳实同用，以消补兼施。白术有补气健脾，安胎之功，常配伍砂仁同用。常配伍茯苓、桂枝等同用，如苓桂术甘汤，以温脾化饮；治水肿常与茯苓、泽泻等同用，如五苓散或者四苓散等，以健脾利湿。《纲目拾遗》《全生指迷方》《兰室秘藏》《简便单方》《小儿卫生总微论方》《丹溪心法》《普济方》《金匮要略》等著作中都有记载，在此不再赘述。

（四）白术药膳食疗

白术与苍术秦汉时期统称术，陶弘景始分为二，因其色较苍术淡白，故名白术。《纲目》云："按六书本义，术字篆文，象其根干枝叶之形。《吴普本草》一名山芥，一名天蓟，因其叶似蓟，味似姜、芥也。西域谓之吃力伽，故名《名台》在吃力伽散，扬州之域多种白术，其状如桴，故有杨桴及桴蓟之名，今人谓之吴术是也。桴乃鼓槌之名。古方二术通用，后人始有白苍、白之分。"白术，又称山姜，春天生苗，夏天开花，苗为青色没有枝丫，茎为青红色，高约二三尺，花为紫绿色，根的形状像姜，皮为黑色，心为黄白色，中间有紫色的膏液。它的根和育苗都可以吃。中医认为，白术味甘、性温、无毒，具有燥湿利水、健脾益气、和中补阳、利小便、止汗安胎、补腰膝、长肌肉的功效，主治风眩头痛、心腹胀满、腹胀冷痛等症。

1. 白术茯苓鸡汤

白术5g，白茯苓5g，白芍5g，甘草3g，鸡翅500g，枸杞10g，四季豆50g。调料精盐适量，姜片3片，清水12杯。将鸡翅洗净斩块备用，锅中加沸水烧沸，下入鸡翅焯透，打去浮沫捞出，其他原料洗净，砂煲内加清水煮沸，将各种原料全部放入大火煲至20分钟，转至小火煲2小时，撇出浮油，加精盐调味即可。

2. 八珍紫河车炖木瓜

当归10g、熟地黄10g、白芍10g、川芎7.5g、党参15g、白术10g、茯苓10g、甘草5g、紫河车粉5g、食材青木瓜1个、海参1个、姜3片调味料盐、香油、米酒各适量。青木瓜去皮，切小块备用;海参洗净、氽烫，切小块备用，药材、食材一起放入锅内，加水适量炖煮90分钟；最后加盐、香油，并淋上米酒调味即可。

3. 白术猪肚粥

猪肚200g，槟榔10g，炒白术30g，粳米100g，酱油、香油、姜片适量。做法：猪肚清洗干净切小块，和姜片、槟榔、白术一起放入锅里，倒入适量清水，开火煎煮，煮到猪肚烂熟后，将猪肚捞出，去渣取汁；粳米洗净，倒入白术汤里，放入猪肚熬粥，粥熟后淋上香油、酱油，搅拌均匀即可。分成早晚两次吃。5天为一个疗程。具有和中助阳，祛寒除湿，健脾益气功效。

4. 白术饼

生白术250g，研末，焙熟。大枣250g，煮熟去核。面粉500g，混合作饼，当点心食用。此饼具有健脾补气，固肠止泻功效。治疗脾虚食少，久泻不止。尤益于老年与小儿。

5. 白术煮酒

（1）白术200g，白酒700g。将白术压碎，置砂锅中，加水600g，煮至300g，加入白酒，密封，浸泡7天后滤出药酒，饮用。此酒有健脾益气作用，适用于食欲不振，胸腹胀满，大便泄泻等。每日饮2～3次，随量。

（2）白术60g，黄酒50g。将白术研末。每取6g，加入黄酒内，同煮数沸，待温滤出药酒，分两次饮用。有安胎理气作用。适用于妊娠脾气虚弱，胎动不安等症。

6. 炒扁豆白术炖鸡脚（健脾祛湿气）

白术10g，炒扁豆25g，火腿肉20g，鸡脚4对，猪瘦肉100g，生姜3片，盐适量。上述材料分别洗干净；火腿肉，猪瘦肉切成片；鸡脚去甲，切开，刀背敲裂，一起与生姜放进炖盅内，加入冷热水六成满，加盖隔水炖两小时，再放

进猪肉，火腿肉，汤汁缩干时放盐调味。

7. 白术鲫鱼粥（健脾益气）

白术10g，鲫鱼100g，粳米30g，糖适量的。鲫鱼去杂，洗干净切成片；白术洗干净先煎汁100ml，接下来将鱼、粳米煮粥，粥成时加入药汁和匀，加糖调味。

8. 白术五味粥（健脾行水）

白术12g，茯苓15g，橘皮3g，生姜皮1g，砂仁3g，粳米100g。把上五味药煎汁去渣，加入粳米同煮为稀粥。每天服两回，早晨和晚上温热服。

9. 白术甘草茶（健脾益气、燥湿和中）

白术15g，甘草3g，绿茶2g，冲水泡饮。

附录一　白术商品规格等级草案

本标准起草单位：河北中医学院、中药材商品规格等级标准研究技术中心、中国中医科学院中药资源中心。

主要起草人：郑玉光、黄璐琦、郭兰萍、詹志来、金艳、杨光、王浩。

具体草案如下：

1. 范围

本标准规定了白术的商品规格等级。

本标准适用于全国范围内白术中药材生产，流通以及使用过程中的商品规格等级评价。

2. 规范性引用文件

下列文件对于本文件的应用是必不可少的。凡是注日期的引用文件，仅所注日期的版本适用于本文件。凡是未注明日期的引用文件，其最新版本（包括所有的修改单）适用于本文件。

2015版《中华人民共和国药典》

GB/T 191《包装储运图示标志》

SB/T 11094《中药材仓储管理规范》

SB/T 11095《中药材仓库技术规范》

《中药材商品规格等级通则》

3. 术语和定义

下列术语和定义适用于本文件。为了便于使用，以下重复列出了某些术语和定义。

3.1 来源

白术为菊科植物白术（*Atractylodes macrocephala* Koidz.）的干燥根茎。冬季下部叶枯黄、上部叶变脆时采挖，除去泥沙，烘干或晒干，再除去须根。

3.2 规格

某一中药材流通过程中形成，用于区分不同交易品类的标准，通常是药材属性的非连续性特征，一个交易品类称为一个规格。

3.3 等级

在一个规格下，用于区分中药材品质的交易品种的标准，通常是药材属性的连续性指标，一个交易品种称为一个等级。其中"道地药材"质量最佳，其余等级越高，表示质量越好。

3.4 道地药材

在某一特定的自然条件下和生态环境的地域内所生产的药材，因生产较集中，其栽培技术、采收、加工都有一定的讲究，导致其较同种药材在其他地区所产者品质佳、疗效好。道地，也称地道。白术道地产区为浙江磐安、东阳、新昌、嵊州，以及毗邻的仙居、天台、义乌、奉化、缙云等市，统称为"浙白术"。

3.5　焦枯

白术因加工不当，使其出现焦黄色斑纹，或较大枯心。

3.6　油个

由于贮藏或加工不当等原因，使油质或油样物质泛于白术表面，变色、变质的白术称"油个"。

3.7　坑泡

指白术中表面坑凹较大，质地松泡者。

3.8　菊花纹

指白术横断面裂隙较多，且外圈黄白色，中间颜色较深，形成"菊花纹"。

3.9　云头

又称如意头。指白术的全体多有瘤状突起，下部两侧膨大似如意头。

4.　规格等级

【基源】　本品为菊科植物白术（*Atractylodes macrocephala* Koidz.）的干燥根茎。

【产地】　主产于浙江、湖南、湖北、安徽、河北等地，多为栽培品。

【采收时间】　冬季下部叶枯黄、上部叶变脆时采挖，除去泥沙，烘干或晒

干，再除去须根。

【合格性检查】 水分：不得过15.0%。

总灰分：不得过5.0%。

色度：取本品最粗粉1g，精密称定，置具塞锥形瓶中，加55%乙醇200ml，用稀盐酸调节pH值至2～3，连续振摇1小时，滤过，吸取滤液10ml，置比色管中，照溶液颜色检查法（附录ⅪA第一法）试验，与黄色9号标准比色液比较，不得更深。

浸出物：照醇溶性浸出物测定法（附录ⅩA）项下的热浸法测定，用60%乙醇作溶剂，不得少于35.0%。

5. 要求

应符合《中药材商品规格等级通则》中其他要求项下相关规定。

6. 标识和标签、包装、运输、贮存

6.1 标识、标签

包装应有批包装记录，内容有品名（药材名）、批号、规格、等级、产地、生产日期等信息。

6.2 包装

塑料袋或麻袋、纤维袋装，纸箱包装（25kg以上），要求包装完整无破损或污染。

6.3　运输

运输过程要做好密封、防水、防鼠等工作，避免外源污染和变质。

6.4　贮存

仓库应当通风、干燥、避光，在必要时应当安装空调器及除湿设备，同时需具备防鼠、防虫、防禽畜措施。地面应保持整洁、无缝隙、易打扫清洁。药材应存放在专门的货架上，同墙壁间保持足够距离，应当防止有虫蛀、霉变、腐烂、泛油等现象的发生，并有定期检查制度。

附录二　农药、杀虫剂商品名称和化学名对照表

商品名	化学名
多菌灵	N-（2-苯骈咪唑基）-氨基甲酸甲酯
辛硫磷	O-α-氰基亚苯基氨基-O，O-二乙基硫代磷酸酯
乐斯本	O，O-二乙基-O-（3，5，6-三氯-2-吡啶基）硫代磷酸酯
乐果	O，O-二甲基-S-（N-甲基氨基甲酰甲基）二硫代磷酸酯
甲基托布津	1，2-二（3-甲氧碳基-2-硫脲基）苯
三唑酮	1-（4-氯苯氧基）-3，3-二甲基-1-（1H-1，2，4-三唑-1-基）-α-丁酮
井冈霉素	N-［（1S）-（1,4,6/5）-3-羟甲基-4,5,6-三羟基-2-还己烯基］-O-B-D-吡喃葡糖-（1→3）-（1S）-（1，2，4/3，5）-2，3，4-三羟基-5-羟甲基环己胺
吡虫啉	1-（6-氯吡啶-3-吡啶基甲基）-N-硝基亚咪唑烷-2-基胺
毒死蜱	O，O-二乙基-O-（3，5，6-三氯-2-吡啶基）硫代磷酸
毒霉素	3-（3，5-氯苯基）-1-异丙基氨基甲酰基乙内酰脲
抑芽丹	6-羟基-3-（2H）-哒嗪酮

参考文献

［1］段启，许冬瑾，刘传祥，等.白术的研究进展［J］.中草药，2008, 39（5）：800-802.

［2］李伟，文红梅，崔小兵，等.白术健脾有效成分研究［J］.南京中医药大学学报，2006, 22（6）：366-367.

［3］李伟，文红梅，崔小兵，等.白术的化学成分研究［J］.中草药，2007, 38（10）：1460-1462.

［4］龙全江，徐雪琴，胡昀.白术的化学、药理与炮制研究进展［J］.中国中医药信息杂志，2004, 11（11）：1033-1034.

［5］张建逵，窦德强，王冰，等.白术的本草考证［J］.时珍国医国药，2013, 24（9）：2222-2224.

［6］杨娥，钟艳梅，冯毅凡.白术化学成分和药理作用的研究进展［J］.广东药学院学报，2012, 28（2）：218-221.

［7］陈文，何鸽飞，姜曼花，等.近10年白术的研究进展［J］.时珍国医国药，2007, 18（2）：338-340.

［8］宿廷敏，王敏娟，阮时宝.白术的化学成分及药理作用研究概述［J］.贵阳学院学报（自然科学版），2008, 3（2）：32-35.

［9］陈晓萍，张长林.白术不同化学成分的药理作用研究概况［J］.中医药信息，2011, 28（2）：124-126.

［10］梁中焕，郭志欣，张丽萍.白术水溶性多糖的结构特征［J］.分子科学学报，2007, 23（3）：185-188.

［11］白明学.白术的现代药理研究与临床新用［J］.中国中医药现代远程教育，2008, 6（6）：609-610.

［12］彭华胜，王德群.白术道地药材的形成与变迁［J］.中国中药杂志，2004, 29（12）：1133-1135.

［13］董海燕，董亚琳，贺浪冲，等.白术抗炎活性成分的研究［J］.中国药学杂志，2007, 42（14）：1055-1059.

［14］李雯，尹华.白术化学成分的药理作用研究进展［J］.海峡药学，2012, 24（3）：9-11.

［15］王瑞娜，唐茜，何凤发.药用白术的药理作用及其综合开发利用［J］.安徽农业科学，2010, 38（11）：5610-5611.

［16］沈宇峰，王志安，俞旭平，等.白术种子生活力测定方法及其与发芽率的相关性研究［J］.中国中药杂志，2008, 33（3）：248-250.

[17] 周克瑜，许长照，张瑜瑶.白术地道药材和栽培品的化学成分对比研究［J］.南京中医药大学学报，2000，16（2）：109–110.

[18] 阳柳平.研究白术的化学成分及药理作用概况［J］.中国医药指南，2012，10（21）：607–609.

[19] 朱玉球，夏国华，方慧刚，等.白术组培快繁技术［J］.中药材，2006，29（3）：212–213.

[20] 彭华胜，王德群.南苍术与野生白术的开花动态研究［J］.现代中药研究与实践，2007，21（3）：20–22.

[21] 凌宗全.白术化学成分及药理作用研究进展［J］.内蒙古中医药，2013，32（35）：105–106.

[22] 朱海涛，陈吉炎，陈黎，等.白术的生药学研究［J］.时珍国医国药，2006，17（6）：1019–1020.

[23] 付顺华，陈斌龙，何福基，等.白术植株性状的相关性研究［J］.中药材，2003，26（10）：695–697.

[24] 胡长玉，张慧冲，陈爱珍，等.野生祁白术的营养成分分析［J］.生物学杂志，2005，22（3）：37–38.

[25] 马云，高学琴，宋玉萍.白术采收加工和炮制［J］.时珍国医国药，2000，11（4）：307–307.

[26] 周日宝，王朝晖.湖南道地药材白术组织培养及再生植株的试验［J］.湖南林业科技，2001，28（4）：79–80.

[27] 乐巍，王永珍.白术栽培中主要病害防治研究［J］.时珍国医国药，2001，12（6）：575–575.

[28] 彭晓波.白术的炮制与应用［J］.中国现代药物应用，2009，3（21）：115–116.

[29] 潘兰兰，郑永利，吕先真.白术主要病害的发生及综合治理［J］.浙江农业科学，2006，1（3）：315–318.

[30] 杨永康，曾庆国，廖朝林，等.咸丰白术规范化生产操作规程研究［J］.现代中药研究与实践，2004，18（4）：16–19.

[31] 潘秋祥，潘显能，袁伯新，等."连作"生物有机肥在白术重茬中的应用效果［J］.河北农业科学，2008，12（5）：57–57.

[32] 潘秋祥.白术摘蕾与剪蕾效果对比研究［J］.安徽农业科学，2005，33（5）：848.

[33] 潘秋祥，张伟金，章文斌.新昌白术道地药材溯源与传承［J］.中药材，2016，39（3）：684–685.

[34] 张旭乐，郑坚，陶正明，等.白术在浙南的规范化栽培关键技术研究［J］.浙江农业科学，2006，1（4）：388–390.

[35] 伍中兴.白术最佳复混肥施肥用量初探［J］.耕作与栽培，2007（3）：36–37.

[36] 吴慧，单国顺，赵文龙，等.不同麦麸对白术炮制品质量的影响［J］.中国实验方剂学杂志，2014，20（6）：55–60.

［37］陈鸿平. 土炒白术健脾止泻作用增强的机理研究［D］. 成都中医药大学，2011.

［38］刘江亭，林永强，张学兰，等. 白术炮制研究进展［J］. 山东中医杂志，2016（11）：1005-1008.

［39］王宁. 白术古今产地考［J］. 现代中药研究与实践，2008（6）：39-41.

［40］陶元景，高山林，黄和平，等. 白术茎尖组织培养及快繁技术优化研究［J］. 药物生物技术，2010（6）：508-512.

［41］谭喆天. 白术生态适宜性区划研究［D］. 河北医科大学，2014.

［42］彭华胜. 术类药材基原的系统学研究［D］. 中国中医科学院，2013.

［43］何伯伟，姚国富. 白术标准化生产技术与加工应用［M］. 中国农业科学技术出版社，2013.

［44］王浩. 中药白术商品规格等级及其行业标准研究［D］. 河北医科大学，2016.

［45］王浩，陈力潇，黄璐琦，等. 基于德尔菲法对中药白术商品规格等级划分的研究［J］. 中国中药杂志，2016，41（5）：802-805.